骨干农民实用技术丛书

设施西瓜实用栽培技术集锦

曾剑波　马　超　主编

中国农业出版社

图书在版编目（CIP）数据

设施西瓜实用栽培技术集锦 / 曾剑波，马超主编
．—北京：中国农业出版社，2014.12（2016.9 重印）
（骨干农民实用技术丛书）
ISBN 978-7-109-19767-1

Ⅰ.①设… Ⅱ.①曾…②马… Ⅲ.①西瓜—瓜果园艺—设施农业 Ⅳ.①S627

中国版本图书馆 CIP 数据核字（2014）第 265939 号

中国农业出版社出版
（北京市朝阳区麦子店街 18 号楼）
（邮政编码 100125）
责任编辑 黄 宇 王 凯

中国农业出版社印刷厂印刷 新华书店北京发行所发行
2015 年 1 月第 1 版 2016 年 9 月北京第 2 次印刷

开本：850mm×1168mm 1/32 印张：3.375
字数：75 千字
定价：12.00 元

《骨干农民实用技术丛书》
指导委员会

《骨干农民实用技术丛书》
编辑委员会

#《设施西瓜实用栽培技术集锦》
编著者名单

主　编　曾剑波　马　超

副主编　李　琳　陈艳利　李　婷

编著者　(按姓名笔画排序)

马　超　王亚甡　王海容　芦金生
李　琳　李　婷　张秋节　张保东
张雪梅　陈宗光　陈艳利　周永香
相玉苗　徐　茂　韩月升　曾剑波
穆生奇

序

北京市的农业具有鲜明的都市型农业特征，在发展目标上越来越看重生态涵养、休闲观光、文化传承等多种功能；不过，作为人口超过2 000万的特大城市，以有限的水土资源，尽可能多地为市民提供优质安全的生鲜产品，夯实应急保障的基础，仍然是农业发展的首要目标和基本使命。

从2008年开始，为了强化北京市的“菜篮子”工程建设，提高蔬菜生产的集约化、标准化程度，北京市农业技术推广站启动了骨干农民培训项目。项目以产业发展和生产需求为导向，针对不同作物分别设置培训方案，内容包括产前、产中、产后各环节的基本理论知识和专业技术，特别注重生产关键时期的技术指导和实际操作等，体现了先进性和实用性的要求。

项目实施以来，针对京郊农民的特点，不断创新培训的组织管理方式和知识技能的传授模式，强调互动性和可操作性，提高了培训的效果；特别是，不仅组织骨干农民到山东、浙江、上海、台湾等地学习先进经验，还分批赴荷兰、西班牙等国家参观学习，对开阔骨干农民的视野，提高其综合素质能力，发挥了很好的作用。

几年来，项目已累计培养骨干农民1 402名，他们掌握了系统栽培知识和技术，在生产中不断使用新品种、新技术，产量和效益均有明显提高。根据跟踪调查，骨干农民不同作物平均亩产比培训前增加153～2 935千克，经济效益也有了数千甚至上万元的增加。这些骨干农民不仅自己生产搞得好，而且对周围农户也产生了一定的示范和辐射带动作用，成为一支活跃在京郊大地的农技传播队伍。除了生产技能的提升，骨干农民在清洁生产、资源循环、食品安全、环境保护、市场经营意识和能力等方面的意识也得到了增强，并普遍具有良好的学习态度和能力，是农业生产力发展上的先进代表。

为了持续推动骨干农民培训工作，总结几年来的实践经验，北京市农业技术推广站组织编写了《骨干农民实用技术丛书》。该书对农民从事设施番茄、黄瓜、草莓、西瓜、香菇、平菇等生产，具有很强的指导性和实用性，对进一步提高土地产出率、资源（设施）利用率和劳动生产率，促进京郊设施农业整体水平，具有重要的现实意义。

北京市农村工作委员会副主任　李成贵

前言

西瓜产业作为实现农业增产、农民增收、农村发展的一项重要产业，在我国农业生产中的地位日益重要，近十年来我国西瓜生产常年播种面积约2 700亩，总产量5 700万～6 900万吨。从发展趋势来看，区域性地方特色西瓜产业日益突出，成为各地农业经济发展的重要支撑。

北京市自然和地理条件优越，西瓜栽培具有悠久的历史，是北京传统优势产业，南部平原大兴区所产西瓜自元朝开始就成为贡品。2000—2012年，西瓜平均栽培面积11.28万亩，年产量36.13万吨，产值约10亿元，能满足北京36.5%的供应。改革开放30年来，北京市西瓜生产经历了发展面积保供应、调整结构提效益及开拓功能多样化等过程，期间西瓜生产的品种和种植结构有明显的变化。从品种上看，小果型西瓜的面积有大幅增长，到2012年达到1.71万亩，占西瓜生产面积的17.8%；从生产结构上看，塑料大棚、小拱棚、日光温室为主的设施栽培面积逐年扩大，到2012年达到6.8万亩，占西瓜生产面积的69.8%。西瓜也是北京设施农业的主要产品，占全市设施面积的15.2%。

北京作为大都市，市民消费水平较高，对高端西瓜产品的需求量也比较大；而随着都市型现代农业、休闲采摘农业的发展，也加剧了市场对高端、多样性西瓜的需求。按照北京农业更加注重生态、生活等服务功能，并为满足首都市场鲜活安全农产品和高端特色农产品的需求提供基础性保障的都市型现代农业定位，未来的西瓜产业应是“优质、高效”的产业。

目前一家一户生产是北京西瓜生产的主要形式，生产规模小，技术水平参差不齐，在节水节肥技术应用、质量安全控制等诸多方面与现代农业要求差距较大，制约了西瓜产业“优质、高效”发展。

为此，特编写此书。本书系统地介绍了西瓜生产概况、生育特性、设施环境特点、栽培技术等内容，并重点总结骨干农民培养和北京历年来传统种植经验，以达到提高瓜农种植水平，促进北京市西瓜产业“优质、高效”发展，增加产业竞争力的目的。

本书以介绍西瓜栽培关键性技术和新技术为主，并总结了瓜农实际生产经验，可为广大瓜农、农技人员及专业人员提供参考。

由于编者水平所限，疏漏之处在所难免，请读者批评指正。

编　者

2013年12月

序

前言

目录

第一部分　理论篇

第二部分　实战篇

第一部分

理 论 篇

第一章

概　述

一、西瓜的特性与营养价值

西瓜（学名：*Citrullus lanatus*，英文：Watermelon），属葫芦科，原产于非洲。西瓜是一种双子叶开花植物，形状像藤蔓，叶子呈羽毛状。它所结出的果实是瓠果，为葫芦科瓜类所特有的一种肉质果，是由3个心皮具有侧膜胎座的下位子房发育而成的假果。西瓜主要的食用部分为发达的胎座。果实外皮光滑，呈圆形或椭圆形，皮色有浓绿、绿、白或绿色夹蛇纹等，果瓤多汁为红色或黄色，白色较为罕见。

西瓜堪称“盛夏之王”，清爽解渴，味道甘甜多汁，是盛夏佳果，西瓜除不含脂肪和胆固醇外，含有大量葡萄糖、苹果酸、果糖、氨基酸、番茄素及丰富的维生素C等物质。瓤肉含糖量一般为5%～12%，包括葡萄糖、果糖和蔗糖。甜度随成熟后期蔗糖的增加而增加。

除较高的营养价值外，西瓜还有较高的药用价值。西瓜在中国的《本经逢源》中被指是天然的白虎汤，西瓜果肉内亦含有瓜氨酸及精氨酸等成分，有利尿作用。若酒精中毒或酒醉后头晕，可喝一杯西瓜汁，利用其利尿作用，帮助排走肝脏内的酒精成分。

西瓜中所含的糖、蛋白质和微量的盐，能降低血脂、软化血管，对医治心血管病，如高血压等亦有疗效。西瓜皮及种子壳所制成的西瓜霜，能够治疗口疮、急性咽喉炎等症。

虽然西瓜有着这么多的药用疗效，但是糖尿病及感冒患者不宜食用。西瓜内的糖分及其利尿作用，会增加糖尿病患者的肾脏负担，导致血糖升高。而患有感冒者吃西瓜则会加剧病情。另外，由于西瓜水分含量高，吃太多西瓜会冲淡胃里的胃酸，引致胃炎、消化不良或腹泻等病，所以西瓜不宜多吃，每天不应超过 2 500 克。

二、国内外西瓜栽培概况

西瓜是世界各国人民喜食的瓜类，在人们生活中也占有很重要的地位，特别是在夏季水果市场上备受青睐。据统计，全球西瓜产量居葡萄、香蕉、柑橘、苹果之后，列第五位。世界上单位面积产量最高的国家为也门，每公顷产量达 43.16 吨，其次是意大利，达 34.91 吨以上，希腊为 34.74 吨，日本为 31.13 吨。全球平均每公顷产量为 14.81 吨。

大约 2 000 年前西瓜通过丝绸之路传入我国，中原地区最早栽培的西瓜源自西域（今中国新疆和中亚地区）。中国西北地区西瓜栽培的起始时间应在公元 900 年前后。13～14 世纪，随着贸易的扩大和经济的发展，西瓜栽培范围迅速扩大，自西北传入华北、东北，再传至南方各省，后有郑成功鼓励大陆沿海居民去台湾垦殖时，将西瓜传入中国台湾。

从 20 世纪 80 年代开始，随着我国西瓜生产集约化栽培水平的提高和设施栽培技术的发展，西瓜正向着提早成熟、延长供应、周年生产的方向发展。同时，西瓜单产也有了明显提高，各地相继出现每公顷产量约为 7.5 万千克以上的高产典型和具有中国特色的先进经验。但由于中国地域辽阔，地形复杂，气候多变，各地西瓜生产发展极不平衡。南方气候多湿，光照不足，植株易徒长，加之病害蔓延，产量低而不稳。生产上采用育苗避雨，高畦栽培，深沟排水，畦面铺草，人工授粉，加强防涝、防病管理，取得了良好的效果。北方除青藏高原外，空气比较干燥，日照充足，昼夜温差大，气候很适宜西瓜生长发育，是我国商品西瓜的重要产区。新疆维吾尔自治区吐鲁番西瓜、兰州市沙田西瓜、北京市大兴西瓜、河南省汴梁西瓜、山东省德州西瓜、陕西省关中西瓜等均各有特色，驰名中外。随着科学技术的发展，这些西瓜主产区将会不断提高生产水平，在促进我国西瓜生产，提高经济效益，增强市场竞争力中发挥更大的作用。

西瓜产业在我国种植业发展中占有极其重要的地位，栽培面积和总产量均居世界第一位，对提高农民收入水平有重要的作用。2010 年，全国西瓜播种面积 181.2 万公顷，总产量 6 818.1万吨，单产 37.6 吨/公顷，产值 1 740 亿元，占种植业总产值的 4.8%左右，在部分主产区占 20%。

三、我国西瓜生产发展趋势

我国西瓜生产规模近年来基本稳定，2001—2003 年播种面积约 2 700 万亩*，2004 年有所下降约 2 500 万亩，2005—2006 年又逐步增加到 2 700 万亩左右，总产量为 5 700 万～6 300万吨。但西瓜生产的品种和种植结构有明显变化，从品种上看，无籽西瓜和小果型西瓜的面积均有大幅增长，特别是小果型西瓜 2001 年不到 10 万亩，2005 年已经达到百万亩以上；从生产结构上看，以塑料大棚、小拱棚、日光温室为主的保护地生产面积在 5 年内翻了一番。同时，在青藏高原等过去没有西瓜栽培区也有了一定规模西瓜生产，面积在百万亩以上的省份超过 10 个。生产规模比较大的有山东省、

* 亩为非法定计量单位，1 亩约为 666.7 米^2。——编者注

河北省、河南省、安徽省、江苏省、浙江省、江西省、湖北省、黑龙江省、辽宁省、陕西省、甘肃省及新疆、宁夏、广西等自治区。

（一）早、中、晚熟品种配套，品种结构得到进一步优化

目前，我国已基本实现品种多样化，早、中、晚熟品种配套，分期收获上市，减少气候条件对品种间产量、质量的影响，使瓜农收益稳步提高。如京欣2号等早熟品种，京欣1号等中熟品种及西农8号等中晚熟品种均具坐瓜好、商品率高、丰产优质、抗逆性强的特点，因而深受瓜农喜爱。

随着棚室栽培的发展，对西瓜优良品种有了更高的要求。随着京欣2号等一系列品种的推出，特别是早春红玉等小型西瓜品种，除丰产优质外，还能适应棚室光照弱、湿度大、通风不良、病虫害易蔓延等不利环境条件，面积保持稳定增长。

（二）保护设施栽培面积进一步扩大

与露地西瓜栽培相比，西瓜设施栽培可提早成熟，延长供应，填补水果淡季市场，具有较高的经济效益和社会效益，近些年发展较快。目前，各地设施西瓜栽培普遍采用嫁接培育壮苗、加强覆盖保温、合理浇水追肥、严格选花授粉等措施，取得了较好的效果，促进了我国西瓜生产向集约化目标发展。2010年采用地膜覆盖、大中小棚及日光温室的西瓜面积比例达到43.7%，小型西瓜单产水平和效益较高，也有增长的趋势。

（三）组织化程度不断提高

工厂化、集中育苗、专业化、规模化的西瓜育苗生产形态

逐步扩大，市场化和社会化的组织程度有所提高。积极开展以提升原产地和品牌形象以及注册原产地标志的活动，通过以瓜为媒，推进当地经济的发展。

（四）西瓜产业发展中的问题

1. 植物生长调节剂的生产使用管理亟待加强 受“西瓜膨大剂”事件的影响，2011 年 5～6 月西瓜价格持续低迷，出现量价齐跌现象，其中 6 月下降幅度最大，不仅销售量较上年同期下跌 24.43%，而且价格比上年同期下降 13%，瓜农的效益下滑。

2. 灾害性天气对西瓜生产的影响不容忽视 早春栽培遭遇冷害和冻害现象时有发生；南方地区受 3～5 月干旱和 6 月暴雨的影响，受灾产区露地西瓜有些年份减产达到 20%～30%。

3. 新病害扩大发生 因细菌性果斑病导致的嫁接苗受损以及果实后期危害比较严重，加上瓜农随意用药导致害虫抗药性及生态污染等问题比较突出；黄瓜绿斑驳花叶病毒在部分省份有扩大发生趋势，黄化类病毒在部分产区已成为头等病害。

4. 采后缺乏科学处理技术与标准 采收过程中机械损伤严重，导致贮藏运输过程中腐烂率上升，高的可达 25%以上。运输方式、包装和贮藏保鲜技术落后，造成损失较大，直接影响西瓜上市的品质和价值。随着国家对鲜活农副产品流通领域的宏观调控力度加大，西瓜产品流通成本将会增加，季节性卖瓜难问题将依然存在，产品包装与规格及质量仍待提高。

（五）西瓜产业发展趋势与对策

省工式和露地简约开放式栽培形式（包括蜜蜂授粉技术）将稳定提升；平衡施肥和水肥一体化技术在西瓜生产中逐步得到重视；集中育苗与产销一体的生产经营大户将进一步增加；

集约化、专业化、规模化和组织化水平将是西瓜产业发展的主导方向；大规模开展西瓜文化创意产业园区建设，通过基础观光设施建设与品牌效应，带动产业高效发展。

四、北京西瓜产业发展现状与趋势

西瓜是北京市场传统的夏季当家水果，每年6～8月是北京西瓜的上市高峰期，也是西瓜市场的繁荣期。统计数据显示，6月15日，新发地市场水果总上市量为962.8万千克，其中西瓜上市量达到460万千克，占水果总上市量的47.78%。

据统计，北京每年总消费量约12亿千克，其中北京本地生产主要供应期为6～8月。其余1～4月由海南供应的麒麟瓜、特小凤、黑美人等品种为主，4～5月以山东省、河北省的京欣1号和无籽西瓜为主，9～10月以甘肃、宁夏、内蒙古等地区的品种新红宝为主，11～12月以广西、广东的品种新红宝为主。

（一）设施生产，保障供应能力

素有“瓜乡”之美誉的大兴区，是北京市西瓜种植的“霸主”，常年种植面积近10万亩，占北京市西瓜种植面积的70%，另一个主产区是顺义，种植面积约4万亩。西瓜全年种植面积14万亩，总产量近50万吨，能满足本市40%以上的市场需求。

随着北京大力发展设施农业，设施生产成为西瓜生产的主要形式。近几年面积约10万亩，占农业设施面积的15%左右。主要类型为大棚，6月和9月供应市场；另有一部分日光温室（0.5万亩），产量约1.2万吨，主要满足5月“尝鲜”市场需求。设施生产受自然环境限制较少，产量较为稳定。特别是近几年京郊形成了早熟高产无公害栽培技术体系，西瓜供应时间提早到 4 月下旬，亩产量稳定在 3 000 千克（小型西瓜）至 4 000 千克以上，有力地保障了市场供应。

（二）品种多样，满足不同需求

北京生产的西瓜品种包括小、中、大三种类型，以京欣中果型西瓜为主，占到西瓜总上市量的 80%。所谓京欣类型是与传统的京欣 1 号相类似品种的总称，一般单果重 5 千克，绿皮红瓤，口感沙爽。由于京欣 1 号是经过市场长期考验，口感、瓜形等广泛被种植者、消费者所接受，所以一些新品种如京欣 2 号、北农天骄等，无论是皮、瓤、条带和果形与京欣 1 号相似，这些品种即使在市场上卖，一般消费者也分辨不出来。中果型西瓜还有一部分品种为早佳 8424，主要为园区生产，面积约 0.8 万亩，总产量 0.4 亿千克。

小型西瓜糖度高、口感好，2013 年面积逐步扩大到 1.8 万亩。按肉色分为红肉和黄肉两大类型，北京市栽培生产以红肉品种为主，约有 1.5 万亩，占小型西瓜栽培面积的 85%以上，主要品种有超越梦想京颖早春红玉和红小帅等，其中超越梦想和京颖这两个品种占北京市小型红肉西瓜栽培面积的 90%以上。黄肉小型西瓜面积小并且分散，主要品种有京阑和黄小玉等品种。小型无籽西瓜不仅糖度高，口感好，而且食用方便，耐贮运，蜜童、墨童、京玲和甜宝小无籽等几个无籽小型西瓜已经开始推广。特色西瓜品种类型包括白、黄或橙肉类型，黄皮、辐射条纹或斑点类型，如京雪、黄皮京欣 1 号和航兴 3 号等，在西瓜示范园与特殊区域有少量种植，起到丰富品种花色的作用。

另外，无籽西瓜面积逐步萎缩，不足 5 000 亩，主要供应为 7～8 月市场，上市较晚，货架期长。

（三）品质较高，占领高端市场

与山东、河北、西北等地相比，北京地区农业生产存在土地和劳动力成本高的劣势，在农业生产面积逐年下降的背景下，近几年北京西瓜产业打造精品、拓展市场，提高产品附加值，占领高端市场，生产面积一直平稳、供应能力稳步增加，成为竞争力较强的优势产业。

1. 充分利用北京科研资源优势，大力利用新品种、新技术、新装备，提高产品科技优势 北京市作为全国农业的科研中心，从事西瓜育种、栽培研究和推广的单位有20余家，资源优势明显。一是品种在国内具有领先水平。如20世纪80年代与日本合作选育的京欣1号，已成为华北地区乃至全国的西瓜早熟栽培的主要品种。自1989年北京市审定通过了第一个西瓜品种——京欣1号至今，北京市共计审定了77个西瓜品种，50%以上的品种在生产上已经大面积应用，推动了北京市和其他省份西瓜产业的发展。其中北京市农林科学院和北京市农业技术推广站两个单位审定的西瓜品种就有21个，占北京市审定西瓜品种的27.3%，年销售自育的西瓜良种达4万千克以上，其商标“京研”牌和“一特”牌已成为西瓜种业市场比较知名的品牌。同时，北京作为全国种业信息中心，每年在大兴区和顺义区等西瓜主产地举办多次大、中型瓜类新品种展示活动，每年展示国内外西瓜新品种150个以上，逐渐成为全国品种展示平台。二是技术领先。如80年代开始研发了地膜覆盖种植西瓜，使西瓜提早上市30天、产量提升50%，获得国家科技进步奖，使北京市西瓜种植水平处于全国前列，又先后研发和普及了保护地西瓜高产种植、西瓜立体栽培等技术，近几年更是推出了涵盖“嫁接育苗”“水肥一体化”“环境综合调控”等技术的设施高产优质综合技术体系，投入使用“蜜蜂授粉”“有机菌肥”“二氧化碳施肥”等新型装备和技术，保障了质量安全并提升了综合生产能力。

2. 拓展农业多种功能，开展采摘、观光等用户体验活动，提高产品文化品位 北京建成集科技试验示范、生产销售、旅游观光、休闲采摘为一体的西甜瓜主题园区10多家。种植西瓜类型丰富，包括大中小果型、绿皮黄皮、红瓤黄瓤及有籽无籽等。所生产的产品全部通过了有机化认证并能实现四季生产、长年供应。同时建设观光区温室，通过众多品种和栽培样式组合，采用树式、盆栽等栽培方式和艺术造型、雕刻等工艺技术，利用作物独特的形状和颜色，创意出瓜菜作物树、作物盆景、图案瓜、雕字瓜等多种作物景观，给人以耳目一新的感觉。观光区温室外建设了"观赏作物艺术长廊"，把整个园区连为一体，长廊两侧悬挂展牌介绍农作物历史、西瓜渊源与瓜文化，并提供了休息和品瓜场所，提升文化品位，增加游客体验。主题园还带动了周边旅游业、餐饮业、观光农业的快速发展，带来了良好的社会效益和经济效益。

3. 产销联合，开展标准化生产和规模化营销，打造区域品牌，拉长市场供应时间 现有西甜瓜合作社2 000多个，涵盖生产农户60%以上。如北京庞各庄乐平西甜瓜专业合作社以庞各庄西甜瓜为特色经营、兼顾瓜菜种植、销售及农产品加工为一体，实行"专业经济合作组织＋农户"产业化订单生产运作模式，产、供、销一条龙服务的农民专业合作组织，在庞各庄镇建立了种植面积达20 000多亩的西甜瓜种植基地，产品远销全国各地。为了不断提高市场竞争力，拓宽经营渠道，丰富产品种类，壮大发展规模，合作社与北京密云、平谷、通州、丰台等多家种、养殖基地建立了良好的合作关系，与海南三亚、辽宁新民、大连金州、浙江、山东昌乐等近20家农产品生产基地建立了紧密的合作，在北京新发地、大洋路等农产品批发市场、超市建立了配送基地。逐步形成了生产、加工、运输成龙配套，产供销一体化的服务网络，努力做到产品及时到位、质量安全可靠。

（四）北京西瓜产业主要问题

1. 品种结构不合理 一方面，随着家庭人口越来越少，市场对小型西瓜需求越来越大，种植小型西瓜效益也较高。但农民对小型西瓜、小型无籽西瓜设施栽培技术了解度不够，导致小型西瓜种植比例偏少，不足20%；另一方面，产品上市时间集中，与市场需求不同步，80%以上西瓜集中在6月上市，造成价低和浪费，而需求量最大的7～9月只有少量上市。

2. 生产品种多而杂，优质品种普及率低 如中果型西瓜以京欣1号为主，在大棚早春生产中存在抗低温能力差、厚皮、起楞现象，严重影响产量和效益；而小型西瓜品种多而杂，导致商品瓜质量良莠不齐。

另外，品种与设施和市场衔接不准，针对不同设施和茬口的品种细分不够，部分类型品种缺乏，如耐低温弱光、抗裂、口感好的中果型品种较少。

3. 育苗效率和水平不高 一家一户育苗，导致种苗质量差异较大，育苗效率较低。另外，异地购苗导致线虫、病毒病等病虫害问题暴发。

4. 技术水平还需要提升 老产区技术水平发展不均衡，还存在温室西瓜五一节不能上市、秋季西瓜产量低、温室套种产量低等问题，而新发展地区技术普及面临瓶颈。如针对不同类型品种配套技术掌握不够，越夏栽培技术水平不高，水、肥过量使用，连作障碍，滥用药和过量用药等。

5. 贮运损失大 销售渠道较窄，运输和贮藏损失较大。

第二章
西瓜的生育特性

一、西瓜的形态特征

（一）根

西瓜属葫芦科西瓜属一年生蔓生草本植物，根系属于直根系，由主根、多级侧根和不定根组成，是吸收水分和矿物质营养的器官。根系发育好坏直接影响地上部生长的强弱和产量的高低。

西瓜根系发达，主根入土深度达 1.4～1.7 米，侧根水平伸展范围很广，可达 3 米左右，但主、侧根主要分布于土壤表层 30 厘米左右耕作层中，在此范围内一条主根上可长出 20 多条一级侧根。西瓜根系的入土深度因品种而异，一般早熟品种根系分布较浅，中、晚熟品种入土较深，分布范围较广。西瓜根系好氧，其生长好坏与土壤水分状况和土壤结构有关。若浇水过多，则因土壤空气不足而影响根系吸收功能。同一品种生长在壤土上较黏土上根系伸展快，分根多，须根旺盛。西瓜发根早，但根量少，木质化程度高，再生能力弱，断根后不易恢复。所以适宜采用营养钵、营养土块等护根措施育苗，且苗龄不宜过大，最好控制在 2～4 片真叶，育苗时间为 1 个月左右。

西瓜根系随地上部生长而迅速伸展。直播时，幼苗出土，子叶展开后，主根上即已分生出一次侧根。地上部伸蔓时，根系生长加快，侧根数迅速增加。坐果前，根系生长分化及伸长达到最高峰；坐果后，根系生长基本处于停顿状态。因此，应在西瓜生长前、中期促进根系生长，以达到最适状态。

（二）蔓

西瓜是蔓生草本植物，茎蔓上着生卷须，属于攀缘植物。在茎蔓上着生叶片的地方称为节，两片叶间的茎称为节间。最初5～6叶片之前的节间短缩，称为短缩茎，直立生长。5～6片真叶后开始伸蔓，茎蔓节间长度为10厘米左右。节间长短因品种、肥水管理而异。氮肥过多，密度过大，通风透光不良，均会使节间伸长。因此，节间长短是判定西瓜品种特性，正确进行苗情诊断，确定合理技术措施的重要依据。

西瓜具有很强的分枝能力，由幼苗顶端伸出的蔓为主蔓，一般蔓长3～4米，从主蔓每个叶腋均可伸出分枝，称侧蔓。但以主蔓上第2～4节侧蔓较为健壮，发生早，结瓜能力强。生产上除留一条主蔓外，再留基部的1～2条侧蔓，其余均摘除。此外，每个叶腋还着生一条卷须，一朵雄花或雌花。卷须能固定瓜蔓，避免滚秧，并使茎蔓更好地受光。由于西瓜生长快，分枝能力强，应加强植株调整，促进茎蔓生长与开花坐果协调进行。

（三）叶

西瓜叶片呈羽状，单片，互生，无托叶，叶缘深缺刻，叶片表面有蜡质和茸毛，是适应干旱的形态特征之一。西瓜叶形因生育期而异。子叶两片，较肥厚，呈椭圆形。保护子叶完整，延长子叶功能期，是培育壮苗的重要措施。子叶后主蔓上第1～2片真叶，叶片较小，近圆形，无裂刻或有浅裂，叶柄也较短；伸蔓后逐渐呈现各品种固有的叶形；生育后期新生叶片又逐渐变小，但叶形不变。西瓜成龄叶片一般长18～25厘米，宽15～20厘米。氮肥过多，浇水过量，光照不足，叶片大而薄，对生长发育不利。由于西瓜叶片较脆，易受外力损坏，须严格防风及精细作业。

西瓜叶柄长而中空，通常长为15～20厘米，略小于叶片长度。若肥水过多，光照过弱，叶柄伸长，长度超过叶片，且蔓叶重叠，叶片色淡而薄，结果不良，这是徒长的形态特征。生产上瓜农常将叶柄与叶片的相对长度作为植株是否徒长的形态指标。

（四）花

西瓜一般是雌雄同株异花，为单性花。少数品种雌花也带有雄蕊，称雌型两性花，杂交制种时应注意除去雄蕊，以免自交。西瓜在第二片真叶展开前已开始有花原基形成，3～5片叶后开始开花。先开雄花，后开雌花，且雄花数量多。除着生雌花节外，每一叶腋均着生一至数朵雄花。主蔓第一雌花着生节位因品种而异，一般早熟品种着生节位低，多在第5～7节上，晚熟品种则多在10～13节。西瓜主、侧蔓均能开花结果，侧蔓第一雌花多着生于5～8节。以后主侧蔓均是每隔3～5节或7～9节着生一朵雌花。其中，主蔓第一雌花和节位过远的雌花所结的果实个小，品质差，几乎没有商品价值。而主蔓上20～30节即第三、四雌花和侧蔓上第10～15节即第二、三雌花形成的果实最大。

西瓜雌花柱头和雄花花药均有蜜腺，为虫媒花，主要靠蜜蜂、蚂蚁传粉。因此，品种间易自然杂交而引起品种混杂退化，采种时应严格隔离，至少相距1 000米。

西瓜为半日花，即上午开花，下午闭花。晴天通常在早晨6～7时开始开花，阴雨天或气温较低，空气湿度过大时，开花延迟。上午10时左右花瓣开始褪色，11时左右闭花，下午3时左右完全闭花。因此，正常条件下，人工授粉最适宜的时间是上午8～9时，10时以后授粉，坐果率显著降低。西瓜的雄花在晴天适温下，开花的同时或稍晚即散出花粉。但在低温或降雨的次日，开花晚，而且即使开花，花粉散出也推迟。由于西瓜花寿命短，人工授粉最好在当天进行，以减少落花化瓜，提高坐瓜率。

（五）果实

西瓜果实为瓠果，由子房受精发育而成。整个果实则由果皮、果肉、种子三部分组成。其中，果皮由子房壁发育而成，果肉由胎座发育而来，种子则由受精后的胚珠发育而成。不同品种的西瓜，其形状、大小、皮色、花纹、瓤肉颜色表现多种多样。这些特征常用作辨别品种的主要依据。

第一，果实的大小主要决定于子房的大小和开花后 20 天左右果实的发育。在雌花刚开放的 4～5 天，是果实能否坐住的关键时期；在其后的 15～20 天，是果实体积增大的主要时期，增长量为整个瓜重的 90%左右；果实成熟前 10 天，体积增加缓慢，主要是果实内部成分的变化。因此，开花前后应及时整枝打杈，加强肥水管理，人工辅助授粉，提高坐瓜率。

第二，西瓜果形不一，有圆球形、高圆形、短椭圆形和长椭圆形等。通常生长初期以纵向生长为主，中后期则横向生长占优。果实发育初期若遇低温、干燥、光照不足、营养生长过旺时，常产生畸形果。

第三，果皮厚薄也是反映品种优劣的重要指标。除品种不同外，还和留瓜节位有关，留瓜节位低的果实小、扁平、皮厚、空心、纤维多。这与果实发育初期叶片数少、养分积累不足及低温引起植株长势较弱有关。对此，生产上多摘除第一个瓜，选留第 2～3 个瓜，其中尤以第三个瓜较好，瓜大皮薄。但考虑到早熟性及保险性，仍以留第二个瓜为宜。

第四，瓜瓤色泽关系到品质及各地消费习惯的差异。其色泽不同与瓜内所含色素不同有关。红瓤含番茄红素和胡萝卜素，且主要由番茄红素含量多少决定，由此形成淡红、大红等不同颜色；黄瓤则含各种胡萝卜素；白瓤含黄素酮类，与各种糖结合成糖苷形式而存在于细胞液中。

（六）种子

西瓜种子扁平，卵圆形，无胚乳，由种皮、胚和子叶组成。种子大小、形状、颜色等因品种而异。一般西瓜种子千粒重为30～100克，通常40克以下为小粒种子，80克以上为大粒种子，40～80克为中粒种子。西瓜种子无明显的休眠期，收获后即可播种。种子寿命受贮藏条件影响较大，在低温、干燥、密封条件下贮藏，8～10年仍有较高的发芽率。而在常规条件下贮藏，仅可保存2～3年，超过3年的种子发芽率显著降低。所以西瓜种子的应用年限应为3年。此外，由于西瓜种皮坚硬，吸水困难，播前多浸种催芽。同时，种子发芽需较高温度，温度过低，发芽率低，出芽慢而不齐。

二、西瓜的生育周期

西瓜生长发育过程具有明显的阶段性，不同时期形态发生、生理作用、环境要求不同。同时，各时期又互相联系，互为影响。栽培上既要区分不同阶段的特性，又要兼顾整个生育周期的连续性，以充分满足西瓜生长发育的需要。按西瓜各生育阶段特点不同可划分为发芽期、幼苗期、抽蔓期、结果期四个时期。

（一）发芽期

从播种至子叶充分展开，第一片真叶露心即“两瓣一心”时为发芽期，此期需8～10天。栽培上应创造种子发芽所需的适宜条件。首先，发芽最适温度为28～30℃，低于15℃不能发芽，高于30℃，发芽虽快，但幼芽细弱，抗逆性差。其次，要求水分适量，吸水量相当于种子重量的60%～70%较宜。供水不足，特别是种子露白时水分少，易产生芽干现象；水分过多，氧气不足，种子难以正常萌芽。第三，充足的氧气是西瓜种子发芽的必备条件，生产上应严格调控。总之，发芽期栽培上要控制好温、湿度，保持土壤良好的通透性，促进种子迅速萌发，防止幼苗徒长，为培育壮苗打好基础。

（二）幼苗期

从“两瓣一心”开始到团棵期为幼苗期。此时，植株展开5～6片真叶，并顺次排列成盘状。幼苗期一般需25～30天。这个时期叶片分化较快，但叶片生长和叶面积扩大较慢，而根系却伸展迅速，同时进行花芽分化。因此，在栽培上，首先应进行多次中耕，以保持土壤疏松，尽量覆盖地膜以增加土壤温度，促进根系生长与侧根分化。其次注意肥水管理，缺水时采用“浇小水，浇暗水”方式以免降低地温。幼苗生长到4～5片真叶时，可追施一次速效氮肥作提苗肥。

（三）抽蔓期

从团棵到留果节位的雌花开放为抽蔓期。一般从团棵至第一朵雌花开放，需18天左右，以后每隔3～4天开一朵雌花。抽蔓期节间迅速伸长，植株由直立状态变为匍匐状态，叶片生长和叶面积扩大极快，4～5天即出现一片大叶。在蔓、叶生长为主的同时，根系伸展速度逐渐缓慢，抽蔓结束，根系基本建成。

抽蔓期依据生长特点不同，可分为抽蔓前期和抽蔓后期。抽蔓前期应促使蔓、叶充分生长，为以后的开花结果打好基础。栽培管理上以促为主，当蔓长30厘米左右时，追施饼肥或复合肥，促蔓生长。抽蔓后期一方面叶、蔓继续旺盛生长，另一方面正值开花坐果，既要为果实提供物质基础，又要适当防止营养生长过旺，以免延迟或影响开花坐果，栽培上应以控为主，采用整枝、压蔓、控制肥水等措施，防止疯秧和化瓜。

（四）结果期

从坐果部位的雌花开放到果实充分成熟时为结果期。此期需 30～40 天，根据果实形态变化及生长特点的不同，结果期又分前期、中期和后期三个时期。

1. 结果前期 从留果节位的雌花开放到果实褪毛为止，又称坐果期，需 4～6 天。当雌花开放后，子房开始膨大，瓜面上的茸毛逐渐稀疏，整个果实也显得较有光泽。此时，蔓、叶继续旺盛生长，而幼果生长缓慢，是决定坐果的关键时期。此期一方面营养器官旺盛生长，另一方面开花坐果又同其争夺养分，是植株由营养生长为主向生殖生长为主的转折阶段。这时，天气过旱或雨水过多均影响坐果。栽培上以控为主，及时整枝、压蔓，适当节制肥水，控制蔓、叶生长。同时人工辅助授粉，雨天雌花套袋防止雨淋，促进坐果。

2. 结果中期 从果实褪毛开始到果实定个时止，又称果实生长盛期，需 18～25 天。此期蔓、叶生长缓慢，果实膨大迅速，体积增长最快，又叫膨瓜期，是决定瓜个大小、产量高低的关键时期，也是西瓜需肥水最多，肥效最高的时期。栽培上首先应加强肥水管理，以扩大和维持叶面积，延长功能叶寿命，提高光合作用能力，保持叶片不致过早衰老，防止缺水脱肥引起植株早衰现象。除追施钾、氮为主的速效肥外，也可根外喷施尿素、磷酸二氢钾以保护叶片，促进果实膨大。其次，适时留果、摘心，使养分在茎叶及果实中合理分配。

3. 结果后期 从定个到果实充分成熟时止，又称为变瓤期，需 7～10 天。此期果实基本已定形，生长缓慢，果实内部物质发生变化，糖分转化，特别是蔗糖含量迅速增加，使西瓜甜度逐渐提高。同时瓜瓤颜色逐渐变深，果皮变硬。总之，该期是果实迅速发生质变的重要时期。栽培上应停止浇水，注意排水，避免损伤叶片，防止蔓、叶早衰。多次结果的地区，第一果收获前应追施速效氮、钾肥，促进植株继续健壮生长，以利二茬瓜的发育。

三、西瓜对环境条件的要求

（一）温度

西瓜原产南非热带沙漠地区，属耐热性作物。在整个生长发育过程中要求较高的温度，不耐低温，更怕霜冻。西瓜生长所需最低温度为10℃，最高温度为40℃，最适温度为25～30℃。但不同生育期对温度要求不同，种子发芽期适温为28～30℃，15℃以下或40℃以上，发芽困难。因此，春天露地直播适期应在当地地温稳定在15℃以上进行。幼苗期适温为22～25℃，抽蔓期最适温为25～28℃，结果期为25～32℃较宜，其中开花期为25℃，果实膨大和成熟期为30℃左右较好。从雌花开放到果实成熟积温为800～1 000℃，整个生育期需积温为2 500～3 000℃。因此，果实生育期间，在适温范围内，温度越高，果实成熟越早，且品质好。当温度超过40℃，植株生长发育受到抑制。我国华北、西北地区许多产瓜区6～7月气温较高，日照充足，雨量少，因而西瓜产量高、品质好。除常规露地栽培外，西瓜对冬春棚室栽培也有一定的适应能力。其适温范围为夜温8℃，昼温为38～40℃，昼夜温差为30℃左右，仍能正常生长结果。但最适坐果温度为25℃，低于18℃果实易畸形。

西瓜最适大陆性气候，在适宜温度范围内，较高的昼温和较低的夜温有利于西瓜生长，特别是果实糖分的积累。这是由于昼温较高，光合作用强，制造养分多；夜温较低，可降低呼吸作用，减少养分消耗之故。与气温相比，西瓜最适地温范围较窄，一般为20～30℃。其主要影响根系和根部有益微生物的活动，特别是影响水分和矿物质的吸收。西瓜根系生长最低温度为10℃，低于15℃根系发育不正常，最适温度为25～30℃，最高温度不能超过38℃。

（二）光照

西瓜属喜光作物，生长期间需充足的日照时数和较强的光照强度，一般每天应有10～12小时的日照，幼苗期光饱和点为8万勒克斯，结果期则达10万勒克斯以上。光照充足，植株生长健壮，茎蔓粗壮，叶片肥大，组织结构紧密，节间短，花芽分化早，坐果率高；如光照不足，加之阴雨连绵，植株生长细弱，节间伸长，叶薄色淡，光合作用弱，易落花及化瓜。因此，西瓜与其他作物间套作时，须尽量减少二者的共生时间，以免影响西瓜受光。同时，也要注意6～7月日照过强，西瓜裸露部分失水太多，形成坏死斑即所谓“日烧病”发生。应在果实生长中、后期及时盖瓜或在留瓜节上保留一条侧蔓遮挡强光直射果面。此外，光质对西瓜幼苗生长也有明显影响。其中，红光、橙光可促使茎蔓伸长，而蓝光、紫光则抑制节间伸长。苗期适量蓝、紫光照射对培育西瓜壮苗具有重要意义。

（三）水分

西瓜叶蔓茂盛，果实硕大且含水量高，因此耗水量大。另一方面其具有强大的根系，能充分吸收土壤中水分，叶片呈深裂缺刻状，其茸毛、蜡质可减少水分蒸发，具耐旱生态特征。在夏季特殊干旱年份，许多作物受害时，西瓜仍能正常结果，但要夺取高产优质，仍以充足的水分供应为基本条件。西瓜不同生育期对水分要求不同。发芽期要求土壤湿润，以利种子吸水膨胀，顺利发芽；幼苗期适应干旱能力较强，适当干旱可促进根系扩展，增强抗旱能力，减少发病，促进幼苗早发；抽蔓前期适当增加土壤水分，促进发棵，保证叶蔓健壮；开花前后适当控制水分，防止植株徒长，跑蔓化瓜；结果期需水最多，特别是结果前、中期果实迅速膨大，应及时供应充足的水分，促进果实迅速增长。果实定个后，应及时停水，以利糖分积累。

西瓜忌湿怕涝，一旦瓜田被淹或地下水位过高，就会导致土壤缺氧，植株窒息死亡。结果期若阴雨连绵，则坐瓜困难，病害蔓延，产量降低。因此，西瓜排水防涝工作尤为重要。特别是气候干燥对西瓜栽培极为有利。较低的空气湿度，能促进果实成熟，提高果实含糖量；空气湿度过高，果实味淡、皮厚、品质差，且易感病。在开花授粉时，若空气湿度不足，常因花粉不能正常萌发而影响坐果。生产上多利用清晨相对湿度较高时，进行人工授粉，也可人工喷水，或开花前畦面灌水加以防止。

（四）土壤

西瓜对土壤要求不严，比较耐旱、耐瘠薄。但因西瓜根系好氧，需要土壤空气充足，最适宜排水良好、土层深厚的壤土或沙壤土。其通气性好，降雨或灌溉后水分下渗快，早春地温回升快，夜间散热迅速，昼夜温差大，幼苗生长健壮，果实糖分积累多，品质好。但沙土地一般比较瘠薄，肥料分解和养分消耗、流失较快，植株生育后期常产生脱肥现象，生长势转弱，易于衰老、发病。因此，合理增施肥料是沙地增产的关键措施。新开垦的生荒地和黏土地通气不良，地温低，发苗慢，果实成熟晚，品质较差，但植株不易早衰，蔓叶维持时间长，适合中晚熟品种及多次结果的栽培方式。若加强温度及肥水管理，同样可获得优质丰产。

西瓜适宜中性土壤，但对土壤酸碱度适应性较广，在

pH5～7 范围内均可正常生长。西瓜对盐碱较为敏感，土壤含盐量高于 0.2%即不能正常生长。此外，土壤过分黏重，地下水位过高，地势低洼、容易积水的地块及重茬地，均不宜栽种西瓜。

（五）肥料

西瓜生长期短，生长快，单位面积产量高，需肥量大，加之西瓜多种植于沙壤土或瘠薄沙土，需要供应充足的肥料。其中，西瓜正常生长发育以氮、磷、钾最为重要。氮肥可促进蔓、叶生长，保持植株健壮，为果实形成与膨大提供营养基础；磷能促进根系发育，增进碳水化合物运输，有利于果实糖分积累，改善果实风味；钾能促进茎蔓生长健壮，提高茎蔓韧性，增强防风、抗寒、抗病虫能力，增进果实品质。西瓜在整个生育期对氮、磷、钾的吸收量以钾为最多，氮次之，磷最少，比例约为 3.28∶1∶4.33，不同生育期对三者需要量和吸收比例不同。发芽期吸收量最少，仅占总吸肥量的 0.01%，此期主要靠子叶内贮藏养分供给；幼苗期吸肥量较少，占总吸肥量的 0.54%；抽蔓期吸肥量增加，约占总吸肥量的 14.67%。这三个时期以营养生长为主，吸收氮肥比例较大，但仍需氮、磷、钾合理搭配，切忌偏施单一氮肥。结果期需肥最多，占总吸肥量的 85%，其中 77.5%是果实膨大期吸收的。生产上幼苗期应以氮、磷为主，抽蔓期以氮、钾为主，结果期则以钾、氮为主。一般幼苗期、抽蔓前期及植株长势较弱、叶色较淡时，可适当增施一些氮肥；果实发育期适当增施一些磷肥和钾肥，切忌大量施用氮肥，以免影响果实品质。

在西瓜的生育期中，应该基肥和追肥并用，特别是沙壤土及瘠薄沙地，除供给西瓜生长所需养分，防止脱肥引起植株早衰外，基肥还能改善土壤结构，提高综合抵抗不良环境的能力。由于西瓜单株营养面积较大，单位面积株数较少，为经济实用，基肥可 1/3 结合深翻整地，全田撒施，以促进西瓜不定根吸收；2/3 沟施或穴施，具体施肥量则因肥源、土壤肥力、经济状况、生产水平等而异。西瓜一般按每公顷产量为 37 500 千克计算，约需纯氮 172.5 千克（折合硫酸铵 825 千克/公顷），纯磷 127.5 千克（折合过磷酸钙 675 千克/公顷），纯钾 150 千克（折合硫酸钾 300 千克/公顷），以此为参考，折算出各种肥料具体需要数量。

随着日光温室，塑料大、中、小棚等西瓜设施栽培的发展，棚室二氧化碳施肥在西瓜生产上已开始应用。能够促使植株健壮，提高叶绿素含量，维持较高的光合作用水平，提高糖分和干物质积累，增产增收，改善品质。除采用燃烧法、液化法、化学反应法、生物法等增补二氧化碳外，增施有机肥料和碳素化肥，加强中耕松土，注意排水防涝及改良土壤都是提高二氧化碳浓度既经济又实用的方法。

第三章

设施生产基础条件

采用设施栽培能创造小气候环境，抗御自然灾害能力比露地生产能力强，可以进行多种类产品的春提前、秋延后及越冬的生产，提高单位面积产量，是有效提高单位面积产能、延长农产品供应期的栽培模式。按结构一般分为加温型日光温室、不加温日光温室、大中拱棚等。

一、塑料大中拱棚

通常把不用砖石结构构造，只以竹、木、水泥或钢材等杆材作骨架，在表面覆盖塑料薄膜的大型保护地栽培设施称为塑料薄膜大棚（简称塑料大棚）。生产中常用的塑料棚有塑料大棚、塑料中棚和小拱棚，也称为移动棚或空心棚。塑料大棚跨度 8～15 米，棚高 2～3 米，面积 334～667 米^2；塑料中棚跨度 4～6 米，棚高 1.5～1.8 米，面积为 66.7～133 米^2。塑料大棚和塑料中棚，按棚顶形式又可分为拱圆型棚和屋脊型棚两种，因拱圆型棚对建造材料要求较低，具有较强的抗风和承载能力，故在生产中被广泛应用。和日光温室相比，塑料大中拱棚具有结构简单、建造和拆装方便，一次性投资较少等优点，适用于广大农村大面积生产，有利于推动现代农业、节水农业和避灾农业生产的长足发展。北京大面积应用的多为塑料大棚。目前常用的塑料大棚的类型主要有以下几种：

（一）竹木结构和全竹结构

竹木结构和全竹结构大中拱棚的跨度 5～12 米，长度20～60 米，棚高 1.5～2.5 米，3～6 厘米粗的竹竿为拱杆，顶端形成拱形，其地下埋深 30～50 厘米，间距 1 米左右。分别在拱棚肩部和脊部设有 3～5 根竹竿或木棍纵拉杆，按拱棚跨度方向每 2～3 米设 1～3 根 6～8 厘米粗的立柱，拱杆、纵拉杆和立柱采用铁丝等材料捆扎形成整体。其优点是取材方便，建造简单，造价较低：缺点是棚内立柱多，作业不方便，寿命短，抗风雪性能差。

（二）无柱全钢和钢竹结构

无柱全钢和钢竹结构大中拱棚主要参数和棚形同竹木结构，用作拱架的材料有钢管，带有钢筋拉花作附衬焊接的钢架和辅以竹竿代替部分钢管、钢架的混合拱杆，拱杆用 1～3 道钢管或钢筋连接成整体。与竹木结构相比，此种类型的大中拱棚无支柱，透光性好，作业方便，抗风载雪能力强的优点，但一次性投资大，钢材容易生锈，需间隔 2～3 年做防腐维修。

1. 拱架　拱架是塑料大中拱棚承受风、雪荷载和承重的主要构件，按构造不同，拱架主要有单杆式和附衬式两种形式。一般竹木结构和跨度较小钢管结构的塑料拱棚的拱架为单杆式，称为拱杆。跨度较大的无柱全钢和钢竹混合塑料大中拱棚，为保证结构强度，一般制成带有钢筋拉花进行附衬焊接的附衬式拱架。

竹木结构和全竹结构塑料大中拱棚的拱杆大多采用宽 4～6 厘米的竹片或小竹竿，在安装时现场弯曲成形，棚面角度在不影响排雨的情况下，以比较小的角度为宜。由于竹竿有粗细头，在安装时需 2 根对绑成形，为防止极早老化，粗头可通过蘸涂沥青处理后埋 30～50 厘米，竹片或竹竿突节处需削刮光滑防止损坏薄膜，选用的竹竿最好是新采的竹竿且不宜放置时间过久，以利弯曲成形且弯成后具有较高的强度。钢管拱架和附衬式拱架的钢管需使用20毫米以上的钢管，附衬使用直径8毫米钢筋拉花焊接以提高强度，分别用直径20毫米钢管和8毫米钢筋焊接成长50厘米左右的钢叉，用于钢架与地面的固定，利于安装和提高稳定性。

2. 纵拉杆　纵拉杆是保证拱架纵向稳定，使各拱架连接成为整体的构件，竹木结构塑料大中拱棚的纵拉杆主要采用竹竿或木杆，钢管结构塑料大中拱棚则采用钢管、钢筋焊接或竹竿连接制造。竹木结构和全竹结构塑料大中拱棚的纵拉杆主要采用直径4～7厘米的竹竿或木杆，钢结构的则采用与拱架同直径的钢管或使用钢筋焊接，也可使用4～7厘米的竹竿或木杆捆扎连接。

3. 立柱　拱架材料断面较小，不足以承受风、雪荷载，或拱架的跨度较大、棚体结构强度不够时，则需要在棚内设置立柱，直接支撑拱架和纵拉杆，以提高塑料大中拱棚整体的承载能力。竹木结构塑料大中拱棚大多设置立柱，材料主要有杂木和钢筋混凝土桩。竹木结构塑料大中拱棚的立柱材料主要采用直径5～8厘米的杂木或断面8厘米×8厘米、10厘米×10厘米的钢筋混凝土桩，要求立柱与拱架捆扎或固定结实，不受田间操作尤其是灌水后土壤下陷的影响。

4. 山墙立柱　山墙立柱即棚头立柱，常用的为直立型，在多风或强风地区则适合采用圆拱型和斜撑型，后两种山墙立柱对风压的阻力较小，同时抵抗风压的强度大，棚架纵向稳定性能高，生产中根据实际情况，直立、圆拱和斜撑三种形式都有采用。

二、塑料大中拱棚的建筑规划及施工

塑料大中拱棚的施工建设要综合考虑自然条件和生产条

件，做到合理选址、科学规划、规范施工。

（一）棚址选择

塑料大中拱棚建设的地址宜选在土地平整、水源充足、背风向阳、无污染的地点。

1. 光照条件 光照是塑料大中拱棚的主要能源，它直接影响着大棚内的温度变化，影响着作物的光合作用。为保障塑料大中拱棚有足够的自然光照条件，棚址必须选择在四周没有高大建筑物及树木遮阴的地方，向南倾斜 5°～10°的地形较好，丘陵和山区南坡选择这样的地形非常方便。

2. 通风条件 要选择通风良好、避开风口、有利于作物生长的地点。

3. 土壤条件 选择土层深厚、有机质含量高、灌排水良好的黏壤土、壤土或沙壤土地块。

4. 水源条件 拱棚生产必须有水源保证，要选择在水源较近、排灌方便的地区。

5. 交通条件 选择便于日常管理，便于生产资料和产品的运输，距离村庄较近的地点。

（二）总体规划

塑料大中拱棚的建设应做到科学规划、因地制宜、就地取材、节约成本，尽量达到规范化生产、规模化经营的目的。

1. 规模 根据自然条件、生产条件、经济条件等合理确定建设规模，为了便于管理，在尽量提高土地利用率的前提下，要求棚群排列整齐，棚体的规格统一，建造集中。可采取棚群对称式排列，大棚东西间距不少于 2 米，棚头之间留 4 米的作业道，为日常生产和管理创造条件。棚体长度以 40～60 米为宜，最长不超过 100 米，太长管理不便，跨度 5～12 米，过宽影响通风，在相同条件下，宽与长的比值小，抗风能力强，宽与长的比一般以1：5为妥。棚体高度以能满足作物生长的需求和便于操作管理为原则，尽可能低，以减少风害。

2. 方向　棚体的方向决定了棚内的光照和温度，春、秋季节，南北向塑料大中拱棚抗风能力强，日照均匀，棚内两侧温差小。因此，规划时棚体以南北走向为主，尽量选择正向方位建设，也可根据地形特点，因地制宜，合理利用土地面积。

3. 棚架与基础　棚架的结构设计应力求简单，尽量使用轻便、坚固的材料，以减轻棚体的重量。针对风力较大地区，要把防风作为塑料大中拱棚规划建设的一个重点，风对塑料大中拱棚的破坏，主要是受风的压力和引力作用，在棚架设计上，要考虑立柱和拱杆的间隔。施工时，立柱、拱杆、压杆要埋深、埋牢、捆紧，使大中拱棚成为一体。

（三）建造

1. 搭建拱架　按照总体规划，在选好的建棚地块内放线，即按照规划拱棚跨度和长度画两条对称的延长线作为拱棚的边线，用米尺在棚的一端利用三角形勾股定理设棚。竹木结构或全竹结构的大中拱棚在边线上对称的用钢钎打孔，孔深40厘米以上，把竹竿大头蘸涂沥青栽入，按照棚体跨度定棚中线，按高度拉线控制中高，相向细头的竹竿拉到一起进行对接，用铁丝、布带等捆绑扎紧形成拱形。钢架结构的大中拱棚只需将拱架两端或做好的辅助钢叉钉入土中架设。

2. 架设纵拉杆　全竹结构或竹木结构的大、中拱棚，用竹竿或木杆作纵拉杆35道，固定拉杆时，先将竹竿用火烤一烤，去掉毛刺，从大棚一头开始，南北向排好，竹竿大头朝一个方向固定，要求全部拉杆与地面平行。钢架结构的固定钢架后，可用同直径的钢管或使用钢筋焊接，跨度较小的拱棚可用细钢丝作横拉杆，也可使用4～7厘米的竹竿或木杆捆扎连接。

3. 栽设立柱　竹木结构或全竹结构的大中拱棚为保证棚体稳固，可每隔3米顶一根中柱，中柱顶端向下量10厘米钻孔便于与纵拉杆固定，中柱沿中心线栽埋，埋深30厘米以上，先在其下端垫砖或基石，后埋立柱，并踏实，要求各排立柱顶部高度一致，在一条直线上，中柱顶端与纵拉杆接触部分用细铁丝或其他材料固定结实，肩部的立柱也垂直栽埋。

4. 铺设地锚　为防止大风揭棚，一定要铺设地锚，不能隔一段距离使用斜向钉入的木桩代替。在棚体四周挖一条20厘米宽的小沟，用于压埋薄膜四边，在埋薄膜沟的外侧埋设地锚，地锚用钢丝铺设在棚两侧，使用埋深70～80厘米的锚石固定。

5. 扣膜　棚上扣塑料薄膜应在晴天无风的天气进行，早春应尽早扣膜以提高地温，根据通风方式的不同，有两种扣膜方式：一种是扣整幅薄膜，通过拱棚底脚放风；另一种是宽窄膜式扣膜，即将薄膜分成宽窄两幅，每幅膜的边缘穿上绳子，上膜时顺风向压30厘米，宽幅膜在上，窄幅膜在下，两边拉紧。棚膜上好后要铺展拉紧，四周用土压紧膜边，然后用压膜线拉紧。

三、塑料大中拱棚小气候特点与环境调节

（一）气温

塑料大中拱棚的主要热源是太阳辐射，棚内温度随天气阴、晴、雨、雪及昼夜交替而变化，存在明显的季节变化和日变化，在棚内的分布也不均匀。在高温季节，棚内生产不至于造成高温危害，但到低温霜冻时，无保温和加温条件则会产生冻害。

1. 季节变化　越在低温期，日温差越大。春季增温效果

比秋季高，晴天时昼夜温差可达 30℃左右，寒冷季节由于大气逆辐射使近地面的空气层增温，而大棚内由于塑料薄膜的阻隔，使大气逆辐射热无法进入棚内，而棚内热量却大量向外界散失，造成了棚温稍低于外界温度的“逆温现象”，因其常发生在夜间，易给拱棚生产带来严重危害。

2. 日变化　拱棚内气温在一昼夜中的变化比外界气温剧烈，晴天温差大于阴天，阴天棚内增温效果不显著，仅 2℃左右。晴天时，日出后 1～2 小时，每小时平均升温 3～7℃，春季最高气温在中午 12 时至下午 2 时，比露地早，下午 2～3 时棚温开始下降，每小时平均下降 3～5℃，凌晨 4～5 时棚温下降到最低点，比露地迟，持续时间短，此时作物常易发生低温冷害。

3. 棚内分布　拱棚内的气温无论在水平分布还是在垂直分布上都不均匀，并与天气状况、棚体大小有关，棚体越大，空气容量也越大，棚内温度比较均匀，且变化幅度较小，但棚温升高不易；棚体小的则相反。在水平分布上，南北向拱棚的中部气温较高，东西近棚边处较低。在垂直分布上，白天近棚顶处温度最高，中下部较低，夜间则相反；晴天上下部温差大，阴雨天则小；中午上下部温差大，清晨和夜间则小；秋季气温低时上下温差大，春季气温高时则小。

（二）地温

地温对作物的根系生长有着直接的影响，一天中塑料大中拱棚内最高地温比最高气温出现的时间晚 2 小时，最低地温也比最低气温出现的时间晚 2 小时，因土壤有辐射和传导作用，故棚内地温还受其他因素的影响，如棚的大小、中耕、灌水、通风、地膜覆盖等因素。

（三）温度调控

利用塑料大中拱棚覆盖栽培作物的主要是春提前和秋延

后，成败的主要因素是温度。棚内的温度调控主要是通过保温加温、通风换气等措施来实现的，加温与保温是开源与节流的关系，相辅相成。

1. 主要的保温措施 “围裙”保温，可提高夜温10～20℃；二层膜、棚内套小拱棚、平铺式二层膜等多层覆盖保温措施；防寒沟保温，挖在大中拱棚内侧，深40厘米，宽30厘米。

2. 主要的加温措施 有熏烟加温、明火加温、简易火炉加温、热风炉加温、暖气加温、地炉加温等加温措施。因这些措施能量消耗大，有些措施代价较高，可结合保温措施，在特别低温或灾害性天气短时间应用。

（四）湿度

塑料大棚气密性强，棚内空气相对湿度可达80％以上，密闭不通风时可达100％。一般情况下，棚温升高，相对湿度降低，棚温降低，相对湿度升高，晴天、风天相对湿度低，阴、雨、雪天增高。棚内适宜空气相对湿度应为：白天50％～60％，夜间80％～90％。夜间相对湿度高，尤其在叶面结露时，病菌孢子极易萌发并入侵叶片而发病，是霜霉病、叶霉病等病害发生的重要元凶，因此调节棚内温湿度，特别是夜间温湿度是防治病害的重要措施。此外，如未选用无滴膜，生产中在薄膜下经常会凝结大量水珠，积聚到一定大小时水滴下落，使畦面潮湿泥泞，应当加强中耕和通风换气。

大棚内的空气湿度调控，常采取适当通风、勤中耕松土、合理灌水等措施。

1. 适当通风 根据作物特点和生长要求，棚内的温、光等条件情况采取适当通风措施。生产中常用的有两种放风方式：①底脚式放风，优点是防风、抗风性能较好，但早春气温较低，作物易受扫地风的危害，同时后期气温较高时湿空气不易排出。防止“扫地风”危害的办法是在底脚内侧设膜裙起缓冲作用。②宽窄幅膜扒缝放风，优点是不会产生“扫地风”危害，同时后期气温较高时能有效通风降温，但抗风性能与扣整幅膜底脚通风相比略差，棚内的空气流动也略差。可分顶风和腰风。一般顶风温湿度调控效果较好，但容易漏雨。

2. 中耕松土 当棚内土壤水分不足时，中耕可以切断毛细管，减少水肥挥发以利保墒。浇后中耕，可以增加地表面积，疏松土壤，增加土壤通透性，提高地温，增强根系吸收能力。

3. 合理灌水 通过控制灌水量和灌水次数来调控，可改畦灌为沟灌，或M形畦膜下暗灌，利于控制灌水量，作物茎基部土壤疏松、透气、地温高，对根系发育有利。有条件的可使用滴灌或微喷灌设施，省水省工，省肥省农药。

此外，棚内喷药防治病虫害，应选择在晴天上午进行，阴雨天尽量不喷药，如果必须喷药的话，最好采用烟熏剂与粉尘剂，以避免棚内空气湿度过大，给病害的发生创造条件。

（五）光照

塑料大中拱棚光照状况除受季节、天气状况影响外，还与拱棚的方位、结构、建筑材料、覆盖方式、薄膜种类及老化程度等因素有关。南北向延长的拱棚受光优于东西向延长的拱棚，钢架、钢架无柱拱棚受光优于竹木结构拱棚。一般棚内水平光照度比较均匀，但垂直光照强度逐步减弱，近地面处最弱。新膜覆盖使用15～40天后，其透光率降低6%～12%。生产中尽量减少棚内不透明物体的存在，棚架、压膜线不需要过分粗大，尽可能采用长寿无滴膜，且经常清扫棚面，这样不仅可减少棚内遮光，而且可改善高秆作物的受光角度。同时通过确定合理的株行距，合理密植；高秧与矮秧、迟生与速生、喜强光与喜弱光等不同作物间作套种；合理的植株调整，如整枝、打杈、插架吊蔓、掐尖等管理措施来调控光照。

（六）气体

1. 拱棚内气体变化规律 塑料大中拱棚处于密闭条件下，由于大量施用有机肥料分解放出二氧化碳及作物自身呼吸释放出二氧化碳，使得一天中清晨放风前二氧化碳浓度最高，以后随着光合作用加强逐渐下降。同时，由于化肥、农药用量不断增加，会产生氨气、一氧化碳、二氧化硫等有害气体，应加强通风换气，及时排除有害气体。

2. 气体调控 塑料大中拱棚的气体调控主要是通风换气和施用二氧化碳，目的是为了降温排湿，排放有害气体，补充新鲜空气和二氧化碳，以利于作物的生长和发育。

3. 通风方法 自然通风，通过棚体两端放风、放底风、放侧风等措施，借助风力和内外温差的变化，造成空气的流动而通风。春季上午 8～10 时根据棚内温度适时通风，保持适温；下午 3～5 时，气温 23～25℃时关闭窗口；夜晚结露时，在不构成低温危害的前提下少量通风排湿。为防止“扫地风”对幼苗形成低温冷害，放底风时要设置防风裙或循序渐进，逐渐加大放风量，使幼苗逐渐适应环境。对于跨度大、棚架长的塑料大中拱棚可用排风扇对其进行强制通风。

4. 增施二氧化碳 增施二氧化碳可补充作物光合作用所需的二氧化碳，也称二氧化碳追肥，有直接补充、反应法、二氧化碳发生剂等多种方式。

（七）有害气体的排除

塑料大中拱棚的有害气体主要是氨气，其来源主要是未经腐熟的鸡粪、猪粪、马粪和饼肥等有机肥料在高温下发酵时产生的大量氨气，越积越多；其次是大量施用碳酸氢铵和撒施尿素产生的氨气。棚内的氨气浓度达到 5～10 毫克/升，作物就会中毒。采取的措施一是要施用充分腐熟的堆肥、厩肥和人粪尿，杜绝新鲜粪肥入棚；二是不能过量施用氮肥，并要配施磷钾肥；三是在保证正常温度的情况下进行通风换气，以排除过多氨气。

第四章

春大棚西瓜栽培技术

一、品种选择

西瓜品种繁多，其生长期长短、生物学特性各不相同，需要根据栽培季节，保护地设施及收获预期，选择相应的符合国家品种管理规定的、适合本地区种植的品种。要重点考虑果实外观、品质、市场需求以及丰产性、适应性和抗逆性，同时还要考虑已有的设施类型、管理能力，并做好品种搭配。不选择没有在当地经过试验示范的品种，避免不必要的减产损失。

（一）栽培的适应性

不同生态类型品种在不同栽培区内的适应性表现不一，有些品种的适应性很广，几乎全国各地都可种植；而另一些品种的适应性就很窄，只能局限于在某一特定栽培区内种植。一般来说，华北地区可选用华北生态型和东亚生态型品种，但不宜选用西北生态型品种。

（二）市场的适销性

为把生产出来的西瓜及时销售出去，并获得较好的经济效益，掌握市场信息和品种的适销性十分重要。应根据市场的不同需求来挑选适销对路品种。首先，由于各地对商品瓜的大小、皮色、瓤色、瓤质的消费习惯不同，要选准对路品种。其次，应根据市场的远近选用适宜品种，当地销售的，应选择优质、高糖、皮薄的品种，如京欣 1 号、早佳等；需要长途运输的外销商品瓜，应选择果形较大、瓤质致密较硬、耐运性强的品种，如丰收 2 号等。大城市、经济发达地区，应重点选择优质中果型品种及少量特需品种，如小果型品种、特优黄瓤品种和黄皮等礼品用品种。

（三）因需选择瓜种

应考虑根据不同的栽培目的、用途和不同栽培方式而定。如一般早熟栽培应选用早熟、较丰产的品种；冬春保护地栽培应选用耐低温、耐弱光的专用品种；秋大棚栽培宜选用耐高温的抗病品种；露地栽培宜选用果型较大的中晚熟丰产品种；夏秋栽培应选大型晚熟耐热抗病品种。

（四）合理搭配布局

在发展西瓜生产时，还应考虑早、中、晚熟品种以及其他各类品种的合理搭配。在考虑实现商品瓜多样化的同时，应通过比较选定几个主栽品种。大城市郊区、经济发达地区与旅游点附近种植的应选用优质高档品种。

二、育　　苗

（一）营养土的配制

营养土用未种过瓜菜的肥沃田土 70%、焦泥灰 10%、腐熟优质有机肥 20%左右、过磷酸钙 0.2%，过筛后拌匀。然后进行土壤消毒处理，用 40%福尔马林 100 倍液（用 40%福尔马林 1 千克可消毒 4 000～5 000 千克营养土）喷洒营养土，边喷边拌，用农膜覆盖堆闷 2～3 天消毒，对防治苗期炭疽病、枯萎病、疫病有较好效果。揭膜后露放 1 周即可装钵，装土标准为营养钵高度的3/4，钵底土应捣实，而上部则需轻压，做到上松下实，以利出苗。营养钵选用口径为8～10厘米的塑料钵为好，装好码放在畦内待用。

（二）种子处理

浸种前先晒种4小时以上，用55～60℃温水烫种，不断搅拌，水温降至30℃以下，浸泡6～8小时，以种仁无白心为度，将种子外黏膜搓去，清水洗净，之后可用50％多菌灵500～600倍液，浸泡30分钟，然后清水洗净，用湿布包种放入恒温箱（28～32℃）催芽，80％的种子胚根长1～2毫米即可播种。

（三）播种

播种前一天浇透钵土，播种当天用50％多菌灵500倍液喷洒营养钵表土，待水渗下后，用树枝在每钵土上部中间戳一个0.5～1厘米深的洞，然后将种子芽尖向下平放在洞内，种面平放在土表，每钵1粒，上覆药土1～1.5厘米，及时盖地膜保温，上搭小棚增温。出苗前不必揭膜通风，使床温白天控制在28～32℃，夜间20～25℃，出苗70％后及时揭除地膜，需3～4天。

（四）苗期管理

出苗后适当降温，白天保持20～25℃，夜间15～18℃，抑制下胚轴伸长，以防“高脚苗”。当第一片真叶出现以后，徒长趋势减弱，适当升温白天宜在22～26℃，夜间16～18℃，以促进生长，并改善光照条件，有利于壮苗。移栽前一周逐步降温炼苗，有利于定植后缓苗。

水分管理掌握宁干勿湿的原则。出苗前一般不浇水。出苗后苗床宜干不宜湿，要求保持营养土湿润，当钵土现白时，需浇水。浇水应选晴天，并以中午 11 时前后为好，用棚内温水喷洒，每次浇水要浇透。

苗期及时防治病虫害，在做好种子、营养土、苗床消毒的基础上，及时防治病虫害。可用 10%吡虫啉可湿性粉剂5 000倍液防治蚜虫；猝倒病和疫病可用 58%甲霜灵锰锌可湿性粉剂 500 倍液防治。

三、整地提温与定植

（一）整地

栽培地选用地下水位低，排灌方便，土层深厚的沙壤土。定植前 20 天扣好大棚膜，提高土温。移栽前 10 天造墒、整地做畦，施基肥。每亩施有机肥 2 000 千克，翻耕施入，做畦时施三元复合肥 40～50 千克，开沟深施于畦中间，然后做成龟背畦。地爬式栽培畦宽 2 米，吊蔓双行栽培畦宽 0.8 米，沟宽 0.4～0.5 米。小西瓜需肥量较普通西瓜少，自根苗为普通西瓜的 70%，嫁接苗为普通西瓜的 50%（图 1）。

图 1 整地做畦

（二）定植

定植时期应掌握在土温稳定在15℃以上，气温12℃以上。抢晴天定植。定植前一天先将苗床浇足水，用50%百菌清600倍液对瓜苗进行保护性防治，种植密度地爬式株距0.4～0.5米，行距2～2.25米，每亩栽苗600株；吊蔓式栽培三蔓整枝时大行距定植时0.9～1.0米、小行距0.4～0.5米，株距0.5～0.8米，每亩栽苗1 200～1 600株。应小心操作，避免散坨。栽前先打定植孔，再放置钵苗，栽后用50%多菌灵可湿性粉剂500倍液浇定根水，封好定植孔。随移栽随盖上小拱棚膜，以提高棚内温度，增加有效积温，促进早熟上市。当幼苗具有3～4片真叶，子叶完整叶柄粗壮，根系发达时，即可定植。

四、田间管理

（一）温度、光照管理

1. 缓苗期 需较高的温度，白天维持30℃左右，夜间15℃，最低10℃，土温维持在15℃以上。夜间多层覆膜，日出后由外及内逐层揭膜，午后由内向外逐层覆盖。

2. 发棵期 白天保持22～25℃，超过30℃时应开始通风。通风不仅可调控温度，而且可降低空气湿度，增加透光率，补充棚内CO_2，提高叶片同化效能。午后盖膜的时间以最内层小棚温度10℃为准，高时晚盖，低时早盖，阴雨天提前覆盖，保持夜间12℃以上，10厘米土温为15℃。

3. 伸蔓期 营养生长期的温度可适当降低，白天维持25～28℃，夜间维持在15℃以上，随着外界气温的升高和瓜蔓的伸长，不需多层覆盖时，应由内向外逐步揭膜，当夜间大棚温度稳定在15℃时（定植后20～30天），拆除大棚内所有覆盖物。

4. 开花结果期 需要较高的温度，白天维持30～32℃，夜间相应提高，以利于花器发育、授粉、受精和促进果实发育。

（二）整枝

留蔓数与种植密度有关，密植时留蔓数少，稀植时留蔓增加，整枝方法有以下两种：

第一是保留主蔓，采用选留“一主二侧三蔓法”，整枝时间在主蔓第一雌花开放初期进行。前期放任扩大叶面系数，有利于促进地下根系生长，在主蔓第一雌花开放时，在主蔓基部3～5节上选留两条长得最快的侧蔓，摘除其他子蔓及坐果前由子蔓上抽生的孙蔓，构成三蔓整枝。该法的优点是主蔓顶端优势始终保持，雌花出现早，提前结果，形成商品果，但影响子蔓生长结果，结果参差不齐，商品率低，增加栽培管理难度，如肥水管理不当可引起部分裂果。

第二种是5～6叶时摘心，以促进侧蔓生长。子蔓抽生后保持3～5个生长相近的子蔓平行生长，摘除其余子蔓及坐果前由子蔓上抽生的孙蔓，构成了3～5蔓整枝。该法的优点是各子蔓间的生长与雌花出现节位相近，可望同时开花结果，果形整齐，商品率高，便于管理。

由于小西瓜前期长势弱，果形小，适于多蔓多果，应以轻整枝为原则。

（三）人工授粉与留果

主要靠人工授粉提高坐果率。一般在早晨8时后雌花开时进行，阴天在9～11时进行，前一晚夜温过高，授粉时间可适当提前。每天一次，直至每株坐瓜为止。授粉方法是：摘下开放正常的雄花，去掉雄花花瓣，将花粉均匀涂抹在雌花柱头上。留果节位以留主蔓或侧蔓第二、三雌花为宜，使果实生长占有较多叶面积，可以增大果形。及时疏果，瓜长至鸡蛋大，可打顶掐尖，减少养分的消耗。

（四）肥水管理

若表现缺肥时，植株伸蔓时，每亩可适当追施三元复合肥20千克；膨瓜期每亩追施三元复合肥20千克。若表现缺水时，于膨瓜前适当补充水分。当头茬瓜多数已采收，二茬瓜刚开始膨大时，应进行一次追肥，以氮、钾肥为主，每亩施三元复合肥50千克，于根外开沟撒施，施后覆土浇水。小西瓜在施足基肥、浇足底水、重施长效有机肥的基础上，头茬瓜采收前原则上不施肥、不浇水。

（五）病虫害防治

大棚栽培主要病害有枯萎病、炭疽病、白粉病等，虫害主要有蚜虫。炭疽病和疫病是西瓜常见病害，一般在结果后期，植株长势减弱、抗性降低且天气多雨潮湿时发生。防治炭疽病选用以下药剂：70%甲基硫菌灵800～1 000倍液，50%多菌灵500～600倍液，75%百菌清可湿性粉剂600倍液，70%代森锰锌可湿性粉剂500～700倍液，25%使百克（施保克）乳油1 500倍液。

防治枯萎病，前期可用50%敌菌丹1 000倍液或75%敌克松原粉1 000倍液防治；中后期可用50%退菌特800倍液或50%多菌灵800倍液，隔5天喷1次，连喷4次，防治效果好。

疫病可用64%杀毒矾可湿性粉剂600倍液防治。蚜虫的防治可用40%乐果乳油1 200倍液或灭蚜烟剂等防治。病毒病用稳得富500倍液或病毒灵1 000倍液间隔7天喷1次，连喷5次。白粉病用多抗灵150倍液防治，间隔7天1次，可兼治其他真菌性病害，效果较好。

（六）采收

大棚早熟栽培果实发育期气温较低，一般在开花授粉后35～40天成熟，成熟瓜果柄、果蒂收缩内陷，果柄毛脱落，结果节位卷须干瘪，用手弹瓜有“噔噔”响声。坐果后挂牌标记是适时采收的重要依据，同时采收前试样，开瓜测定。采摘生瓜会严重影响品质，特别是黄肉品种。适熟时采收品质佳，且可减轻植株负担，有利于其后的生长和结果。小西瓜从雌花开放至果实采收时间较短，在适温条件下较普通西瓜早7～8天，需25～30天。

第二部分

实 战 篇

第五章
嫁接育苗技术

由于重茬地西瓜栽培容易产生枯萎病，在无法倒茬的情况下，特别是设施生产，嫁接栽培成为主要的抗枯萎病的农艺措施，在西瓜生产中比重越来越大。

一、嫁接栽培的重要意义

由于嫁接西瓜采用的砧木根系发达，吸收能力强，抗逆性好，还可以提高西瓜对不良环境的适应性，促进西瓜的生长发育，从而有利于西瓜的早熟丰产。西瓜采用嫁接栽培主要优点表现在：①预防枯萎病的发生。枯萎病俗称蔓割病、萎蔫病，其病菌是在土壤病残体上及未腐熟的有机肥中越冬，能存活6年之久。常用的嫁接砧木瓠瓜、南瓜、冬瓜等对西瓜枯萎病有较强的免疫力，因此用砧木嫁接西瓜可以有效防止枯萎病的发生，解决西瓜不能连作的问题。②提高产量。由于嫁接砧木较自根栽培的西瓜根系发达，吸水吸肥能力极强，即使在连作或轮作时间较短的土地上，采用嫁接栽培也能增加西瓜的产量，一般增产在20%以上，高者增产40%～50%。③提高植株抗逆性。抗逆性是指对低温、高温等不良环境因素的适应能力，西瓜嫁接栽培因受砧木根系的影响，提高了植株的适应性，充分利用砧木不同种类的不同特性达到不同栽培目的。④促进西瓜植株迅速生长。西瓜的嫁接能使植株快速生长，主要是根系的快速生长，嫁接苗的根系比自根苗的根系要密集得多，吸收营养的能力也较强，而且这些砧木的根系，在温度较低时能正常生长和吸收营养，以供植株地上部分正常生长提早发育，所以嫁接苗前期的吸收能力、生长量比自根苗要强得多。另外，嫁接初期砧木的子叶面积较大，西瓜子叶面积较小，不同砧木嫁接苗同化面积较西瓜增加3.6～8.5倍。⑤节省肥料、提高肥料利用率。西瓜嫁接苗的嫁接砧木由于根系发达，分布广，能够吸收土壤中自根苗吸收不到的营养，因此可以相应减少施肥量。有关资料表明，同等条件下，嫁接苗比自根苗可以减少施肥20%～40%。

二、西瓜嫁接砧木的选择

砧木的种类及特征特性对西瓜嫁接栽培的成败起着决定性的作用。用于西瓜嫁接的砧木首先要抗病，特别对枯萎病要有较强的抗性；其次要与西瓜血缘相近，与西瓜要有较强的亲和力，嫁接成活后的嫁接苗能正常生长；三是嫁接植株所结的果实具有优良的品质。

（一）砧木的亲和性

亲和性是指选择的砧木与接穗嫁接后砧木、接穗细胞组织共生的能力。瓜类嫁接亲和性表现为嫁接亲和性和共生亲和性两种。砧木与接穗愈合能力称为嫁接亲和性，愈合力强，嫁接苗成活率高为嫁接亲和力强；愈合力差，嫁接苗成活率低为亲和力差。嫁接苗成活后共同生活能力强，代表共生亲和力强；相反，如接穗生长缓慢或不能正常生长，严重时植株停止发育或枯死，则代表共生能力差。二者有一定关系，但不完全一致。一般葫芦与西瓜的共生亲和力要优于南瓜。

（二）砧木的抗病性

西瓜嫁接的主要目的是防止枯萎病对西瓜植株的侵害，因此选择的砧木对枯萎病要有较强抗性，同时对其他病害也要有一定的抗性。南瓜在葫芦科是抗枯萎病最强的，用南瓜作砧木可有效防止西瓜枯萎病。瓜类的枯萎病有 5 个分化型，即西瓜菌、黄瓜菌、甜瓜菌、丝瓜菌、葫芦菌，不同类型的分化菌有专一性，侵染不同类型的瓜类。葫芦菌只侵染葫芦，西瓜菌也只侵染西瓜，所以选择的砧木必须抗西瓜菌和葫芦菌。嫁接防病就是利用病菌的这一特性，防治效果非常显著。

近年来，一些研究表明，西瓜菌也能侵染冬瓜的各个品种，分化出侵染冬瓜、葫芦的病菌，这使得用葫芦、冬瓜作砧木嫁接西瓜，对防止西瓜的枯萎病不能完全有效，同时也使葫芦、冬瓜稳定的抗病性减弱，因此，对于用作西瓜的嫁接砧木，应特别注意冬瓜菌和葫芦菌的变化。其他病害如立枯病、角斑病、疫病等均与西瓜的品种和砧木的种类有关，应通过茬口安排品种更换和栽培管理措施加以预防。

（三）砧木与西瓜果实的品质

嫁接对果实的外形及品质有一定的影响，而且直接与经济效益有关，西瓜商品性较强，西瓜果形、果皮厚度、果肉质地、可溶性固形物含量高低和营养成分含量是西瓜品质好坏的重要指标。因此，应加强研究不同砧木对商品西瓜品质的影响，不断提高西瓜的品质（表 1）。

表 1　不同砧木对西瓜果实品质影响

砧木种类	砧木品种	平均果重（千克）	果皮厚度（毫米）	果皮硬度	果肉硬度	折光糖（%）	食味品质
冬瓜	Lion 冬瓜	7.15	10.8	11.0	0.75	12.0	差
西瓜	刚强	7.02	10.8	10.9	0.80	12.5	中

（续）

砧木种类	砧木品种	平均果重（千克）	果皮厚度（毫米）	果皮硬度	果肉硬度	折光糖（%）	食味品质
西瓜	耐病1号	6.47	11.5	12.1	0.74	12.6	优
西瓜	KSWW	6.58	10.0	11.7	0.74	12.7	优
南瓜	No8	9.43	12.5	11.4	0.87	11.9	差
葫芦	FR-7	7.00	10.8	10.0	0.76	11.4	差
葫芦	先驱	6.68	10.5	10.9	0.70	12.0	优

注：引自《今日农药》，1983（3）：14。

日本千叶农业试验场研究砧木与西瓜品质关系指出，南瓜砧的钙与镁含量高于葫芦砧，南瓜砧的β-胡萝卜素比率高，氨态氮则南瓜砧、冬瓜砧均高。不同砧木间全果胶含量并无差异，但南瓜砧的西瓜水溶性果胶较少，而且纤维素高于葫芦砧和自生根西瓜，致使南瓜砧的西瓜果肉较硬，食味品质降低。有试验表明，用新土佐作砧木，西瓜可溶性固形物含量下降，果肉中产生黄色纤维，果皮增厚，品质下降。西瓜共砧、葫芦砧西瓜品质较好，冬瓜砧对西瓜品质影响各地试验结果不一，差异性大，有报道认为果肉软绵（表2）。

根据砧木的亲和力、抗病性、品质及栽培适应性，将不同砧木的优良性状和不良性状归纳入表3，便于根据砧木的特征特性和栽培期内的气候土壤条件，选择适宜的砧木。

表2　各种西瓜用砧木优良性状和不良性状

砧木	优良性状	不良性状
葫芦	耐低温、耐旱、生长旺盛、产量高，品质好	易感染炭疽病、急性凋萎症状和枯萎病，或出现斑点性症状，果肉缺少凉爽味
南瓜	耐低温、抗炭疽病、急性凋萎和枯萎病，吸肥能力强，长势旺	易产生不亲和株，苗不耐老化，不耐旱，不抗白粉病，坐果不良，产量不稳定，品质差

（续）

砧木	优良性状	不良性状
冬瓜	耐旱、坐果稳定且整齐，变形果少，品质好	低温生长性和吸肥性差，长势弱，果实小，单株产量低
西瓜共砧	耐旱，坐果稳定	初期生育差，果实小，产量低，肉质软

（四）砧木的选择与急性凋萎

引起西瓜地上植株急性凋萎的原因有病菌（枯萎病、蔓割病）、昆虫危害（根结线虫、种蝇幼虫）和其他生理原因。这些病虫单独或交叉发生，发病过程复杂，对西瓜植株危害严重。

西瓜植株的急性凋萎主要由生理病害造成，急性凋萎在用葫芦作砧木的嫁接栽培时有发生，严重时可引起全田凋萎，绝产绝收。凋萎的症状主要表现在叶片白天萎蔫，夜间略有恢复，3～4 天后加重，叶片干枯至死。植株茎的维管束褐变，根处表皮褐色，部分老根病烂至髓部，嫁接接口以上无异常表现，没有死亡的植株基部畸形膨大，维管束阻塞，养分输送受阻而凋萎。急性凋萎主要发生在坐果至果实成熟阶段。在连续阴雨和弱光下，根茎叶功能减弱，营养供应不足，极易发生凋萎，其症状与枯萎病有一定差别。砧木种类不同发生凋萎程度不同，葫芦砧比较严重，南瓜、冬瓜砧极少发生。

（五）砧木特性与栽培适应性

由于嫁接苗在生长前期倾向于砧木特性，生长中后期表现为接穗特性，因此，选择砧木要充分了解不同种类的砧木，在低温伸长性、吸肥性和苗龄的差异，以及不同类型砧木对栽培的适应性。

1. 对温度的适应性 嫁接苗对温度的适应性是指利用砧木的特性，提高嫁接苗耐低温或高温的能力。西瓜生长的适宜温度较其他瓜类作物略高，嫁接在南瓜等砧木上，由于受砧木根系的影响，适宜在较低温度下生长，而且生长快、分枝多，保证在雌花形成时有一定叶面积，雌花素质好，嫁接苗在生长前期尤为突出，不同砧木低温伸长性优劣依次为：南瓜、葫芦、黄瓜、冬瓜，葫芦类的不同品种对低温伸长性表现极其稳定，因此可以用于西瓜不同类型栽培方式的砧木。南瓜中亲和力强的新土佐及西瓜共砧勇士耐高温，用以嫁接西瓜适宜夏季栽培，与葫芦砧对比，表现出高抗西瓜枯萎病，抗旱耐热等优良性状，是一个较好的耐高温砧木。

嫁接提高了西瓜前期对低温的适应能力，这对于大棚、日光温室或其他早熟栽培有着重要意义，可以利用这一特性提高在较低的温度下育苗、定植的成活率，使西瓜植株提前生育并节约能源，以达到早熟、提早上市的目的。

2. 砧木接穗苗期差异 西瓜自根苗适宜的苗龄为30天左右，具有2～3片真叶和1片心叶，南瓜砧嫁接苗龄较短，不宜过长，若超过30天，侧根损伤较多，影响成活。葫芦砧嫁接苗适应性较强，即使苗龄延长到40～45天，也很少伤根影响成活。南瓜砧胚轴较硬，髓腔中心空隙出现较早，而葫芦砧髓腔中心空隙出现较迟，所以南瓜砧木适宜嫁接时期为第一片真叶出现，而葫芦砧嫁接可延迟到第二片真叶开展期。

3. 不同砧木嫁接苗的吸肥特性 西瓜自生根系细若，发根迟缓，前期生长缓慢，葫芦、南瓜等砧木根系发达吸收能力及根系数量都优于自根西瓜。吸收肥料的能力在生长前期一个月内，南瓜大于葫芦，定植45天后这种差异表现不明显，因此不同砧木的嫁接苗前期施肥量应有所不同，南瓜砧可较自生根减少1/3的施肥量，葫芦砧减少1/4，否则易造成徒长而推迟结果。此外，不同砧木对营养元素氮、磷、钾的吸收没有差别，对其他营养元素的吸收有所不同，特别是对钙、镁元素的吸收差别较大，嫁接苗钙的吸收差别只表现在叶片上，果实和茎的差别不大；而镁的吸收就不同了，自生根共砧、葫芦砧之间差异很小，但南瓜砧、冬瓜砧镁的吸收量是葫芦砧的两倍，果实中镁的含量也较多，因此，南瓜砧抗叶枯病，而葫芦砧易发生叶枯病，使得西瓜与葫芦砧嫁接栽培中因缺镁元素使叶片枯萎，发生叶枯病。

4. 嫁接砧木对植株生长势的影响 不同种类的葫芦砧木对嫁接后植株的长势影响较明显，并影响西瓜植株的坐果、果实品质和产量。在我国北方容易干燥的旱地应选择生长势较强的大葫芦品种作砧木，而在南方潮湿的水田，应选择生长势相对较弱的大丸葫芦作砧木，以使植株稳定坐果。生长势强的品种，耐旱性较强，但在潮湿地带坐果稳定性差；生长势弱的品种，植株易早衰，有些品种在温度相对较低时坐果比较稳定，并能较长时间保持植株长势，因此要选择适合本地区的砧木，以保证植株正常生长，获得较高的经济效益。

（六）常用砧木性状特性

各种砧木都有不同的性状表现，在不同地区也有性状差异，嫁接苗在生长前期均表现为砧木特性，生长中后期表现为接穗特性，因此，了解不同种类砧木的特性，准确选择砧木是十分重要的。

1. 葫芦 是最常用的砧木品种之一，具有良好的耐低温、耐旱特性，生育旺盛，嫁接西瓜产量高，品质好；不足之处为易感染炭疽病、急性凋萎和枯萎病。有些植株叶面、茎还出现黄褐色斑点，西瓜的果实缺少凉爽味。

2. 南瓜 是瓜类常用的砧木品种之一，耐低温性好，抗炭疽病、急性凋萎和枯萎病，根系多，吸收肥水能力强，生长势旺盛。不足之处是易产生不亲和性，嫁接苗易老化，耐旱性差，易感染白粉病，坐果不良，产量不稳定，西瓜品质差。

3. 冬瓜 耐干旱能力极强，坐果稳定且整齐，畸形果少，西瓜的品质较好；但前期伸长性和吸肥能力差，植株长势弱，果实较小，单株产量低。

4. 西瓜共砧 生产中不常用，西瓜共砧的西瓜植株耐旱性较好，坐果性优良，但植株生长前期生育能力差，果实较小，产量低，西瓜肉质软、口感差。

由此可见，选择适宜的砧木要根据本地区的气候、土壤条件和砧木本身的特性，葫芦砧亲和力强，果实品质稳定，是嫁接西瓜最常用的砧木品种，但抗病性差，在生产中应选择抗病能力强的品种。南瓜亲和力品种间表现不一，应选择亲和力强，对西瓜品质无不良影响的专用砧。西瓜共砧由于抗病性差，吸肥力弱和果实小，目前应用的不多。冬瓜砧由于操作困难，伸长性差，推迟植株发育，极少应用。

三、嫁接育苗技术

（一）嫁接前砧、穗的培育

1. 砧、穗的适宜播期 不同地区、不同气候条件下，砧穗种子的播期完全不同，同一种类的砧木因嫁接方法的差异，也不能同期播种，不同种类的砧木都有自身的特性，葫芦砧苗龄延长到40～45天，仍很少伤根，而南瓜砧苗龄不宜过长，超过30天则容易伤根而影响成活。

西瓜接穗无论采用何种嫁接方法，两片子叶展平露出生长点时，是最适宜的嫁接时期，而砧木则完全不同，劈接和插接法砧木嫁接适期为第一片真叶展开时，如砧木苗过小，胚轴过细，嫁接时胚轴容易开裂，过大则髓腔较大，影响愈伤组织形成，影响成活率，嫁接成活的苗在生长中后期容易发生急性凋萎。砧木应比接穗早播5～6天。南瓜砧嫁接时以砧木出现第一片真叶为宜，南瓜砧的下胚轴髓腔较大，应比接穗早播 3～4 天。

靠插接砧木苗应适当小些，葫芦砧以第一片真叶显现为宜，接穗苗应适当增大，使砧木和接穗下胚轴相近，以利嫁接操作，因此，用葫芦砧靠插接时，接穗要比砧木提前 7～8 天播种，用南瓜砧靠接时要提前 3～6 天播种（表 3）。

表 3 西瓜不同砧和嫁接方法播种期

砧木	嫁接方法	播种期（自嫁接预定日推算天数）	
		砧木	接穗
瓠瓜	劈接	12～14 天前	6～7 天前
	插接	12～14 天前	6～7 天前
	靠插接	8～10 天前	12～15 天前
南瓜	劈接	7～10 天前	10～12 天前
	插接	6～8 天前	10～12 天前
	靠插接	12～14 天前	15～18 天前

2. 砧木苗的培育

浸种：砧木种子浸种前要充分消毒，防止种子带菌，用 37%福尔马林 100～150 倍液浸泡 30 分钟或用 50%多菌灵 500～600 倍液浸泡 1 小时，冲洗后即可浸种。南瓜类的砧木种子种皮较薄，吸水容易，种子发芽迅速，出苗整齐一致，通常在室温下浸种即可，发芽适宜温度也较低，浸种 10 小时左右即可催芽。葫芦类的砧木种皮较厚，吸水困难，种子发芽迟缓，出苗也参差不齐，所以要采取措施促进种子发芽。对于葫芦类砧木种子首先要充分浸种，将种子倒入 55～70℃的热水中，迅速不停地搅拌，待水温降至常温时，停止搅拌，用力搓洗，将种子表面的黏液和杂质去除干净，然后在常温下浸种 8～12 小时，在浸种过程中每隔 4～5 小时搓洗 1 次，用清水洗净。其次采用人工破壳催芽，在浸种完成种壳变软后，将种子稍加风干，用钳子将种喙磕开小口后催芽。

催芽：浸种完成后，用拧干的湿布将葫芦种子包好，放入催芽箱或火炕上进行催芽，催芽要严格控制发芽温度，将温度控制在28～30℃，避免高温，若催芽温度超过35℃5小时以上，大部分种子将不能发芽，在催芽过程中，要保证催芽箱湿度，以防影响出苗，当种子胚根长到0.3～0.5厘米时就可播种了。

播种：将出芽的砧木种子均匀撒在育苗盘或苗床中，播种密度为每平方米1 500～1 800粒种子，南瓜子叶较大，应适当稀播。若采用带土嫁接，应播在营养钵中，将种子平放，每穴1粒，胚根紧靠穴边，以防扎根不实，影响出苗。为避免播在营养钵中的种子因覆土薄厚不均出苗不齐，常采用先将种子播在育苗盘或苗床中，子叶出土后及时移植到营养钵中，5～7天后真叶长出即可嫁接了。

育苗床或营养钵的营养土一般为半个月前堆制，要求土质疏松肥沃，无病虫杂草，营养土通常用田园土、马厩肥和草碳土各1/3混合配制而成，每立方米加入过磷酸钙或磷酸二铵2千克，充分混匀。为防止苗期病害，可用500～600倍多菌灵药液均匀喷洒在营养土上，然后用塑料薄膜覆盖，闷土10～15天，播种前1～2天揭除薄膜，进行装钵，码放在准备好的苗床中，等待播种。播种前将育苗床耙平，浇透底水，待水完全渗下后即可播种，把种子按3厘米的株行距均匀撒在上面，然后覆1～1.5厘米厚的潮土，播种完成后迅速盖上地膜，保湿保温，以利出苗。

防止早春地温过低，影响出苗，播种前常采用铺设地热线来提高苗床温度，一般每平方米育苗畦地热线使用功率为60～80瓦，以保证砧木苗正常生长，有利于提高嫁接成活率。

出苗到嫁接前的苗床管理：出苗前要严格控制苗床温度，保持在25～30℃，最高不能超过30℃，50%出苗时，要及时去膜，降低苗床温度，防止砧木幼苗胚轴徒长，白天保持在

20～25℃，夜间保持18～20℃，南瓜砧抗寒性较强，可适当降低温度，此外要注意苗床湿度，防止水分蒸发。嫁接前1～2天，适当放风，控制浇水，提高砧木适应性，以免嫁接操作时胚轴劈裂，影响嫁接成活率。

3. 西瓜接穗苗的培育　接穗的西瓜种子一般用55～60℃的温水浸种半小时，并不断搅拌，当水温降至常温时，在浸种4～6小时，搓洗掉种子表面黏液，用湿布包好，放在30℃的恒温箱中或火炕上进行催芽，每天清洗1～2次，催芽过程中要注意温度。36小时后出苗可达90%以上，即可播种，播种技术和苗床管理同砧木苗管理基本相同，当西瓜两片子叶展平即可嫁接了。

4. 嫁接方法　目前，西瓜生产常采用的嫁接方法有顶插接、劈接、靠接、断根接及芯长接等。

（1）顶插接法　先将砧木上的生长点用刀片消除，然后用一端渐尖且与接穗下胚轴粗度相近的竹签，在砧木除去生长点的切口斜戳深约1厘米的孔，以不划破外表皮，隐约可见竹签为宜。取接穗苗，左手握住接穗两片子叶，右手用刀片自子叶节下1～1.5厘米处削成斜面长1厘米的楔形面，切面一定要平直，然后用左手拿砧木，右手取出竹签，随即接穗削面朝下插入孔中，使砧木与接穗切面紧密吻合，同时使砧木与接穗的子叶呈十字形（图2）。顶插接要注意砧木插孔不宜过大，接穗插入要有一定压力，顶插法嫁接一般不需固定，操作简单，嫁接工效高，嫁接苗成活率也高，是目前生产上最常用的嫁接方法。

（2）劈接法　劈接也称为切接。先将砧木生长点去掉，用刀子从两片子叶中间一侧向下劈开，深度1～1.5厘米，不要将子叶茎全劈开，否则子叶下垂固定困难，然后取接穗苗在接近子叶节处两侧各削一刀，使两削面成楔形，削面长1～1.5厘米，将削好的接穗插入砧木劈口，使砧木和接穗削面平整对

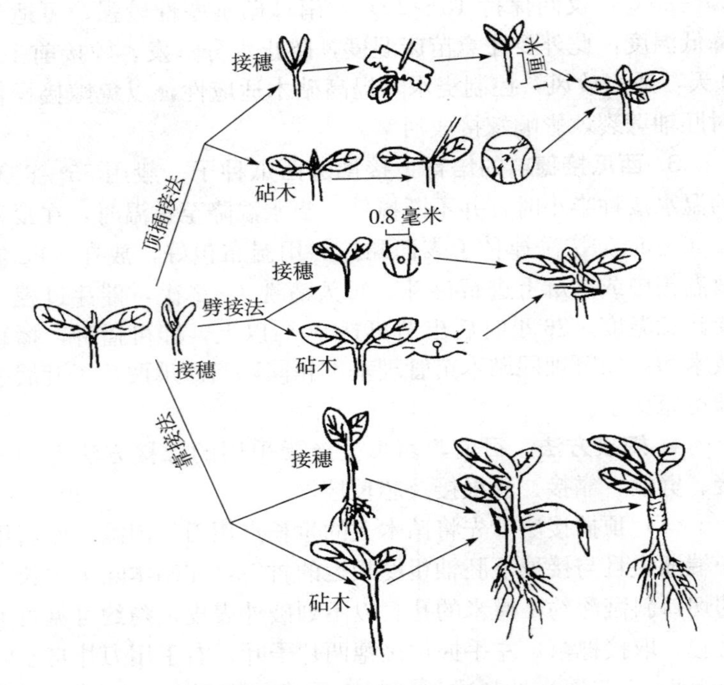

图 2　西瓜顶插接、劈接和靠接示意

齐，然后用薄膜条带捆 3～4 道，将条带一端压在未劈开一侧子叶间，不必打结，或用嫁接夹固定。劈接嫁接法关键是接穗削面要平、直，砧、穗捆扎紧密，劈接的优点是砧、穗愈合好，成活率高，但砧木维管束在接口一侧发育良好，另一侧发育较差，容易开裂，嫁接工效不高。

（3）靠接法　采用大小相近的砧木和接穗苗，去掉砧木生长点，在砧木下胚轴上端靠近子叶节 0.5～1 厘米处，用刀片呈 45°角向下削一刀，深达 1/3～1/2，长约 1 厘米左右，然后在接穗的相应部位向上呈 45°角斜切一刀，深达 1/2～2/3，长度与砧木接口相同，左手拿砧木，右手拿接穗，自上而下将两切口嵌入，用嫁接夹或薄膜带捆扎，使切面密切结合，嫁接后将砧木与接穗连根一起栽植到营养钵中，根部相距1厘米，以便成活后切除接穗的根，接口距土面3厘米，避免接穗接触土壤发生自生根，1周后嫁接苗成活，切掉接穗嫁接部位下胚轴，10～15天后及时解开捆扎物。

靠插接接口愈合好，成苗长势旺，嫁接苗成活率高，但操作麻烦，工效低，不太适合大面积生产应用。

（4）贴接法　用刀片从砧木子叶一侧成75°角斜切去生长点及另一片子叶，切口长0.7～1厘米；接穗如果是才开展的小苗，在子叶下0.5厘米处沿胚轴向下削成相应的斜面，然后使砧木、接穗切面对齐，紧贴在一起，用嫁接夹或捆扎薄膜固定（图3）。如果接穗是嫩茎切段，则从茎节基部用刀削成相应的斜面与砧木切面贴紧，然后固定即可。

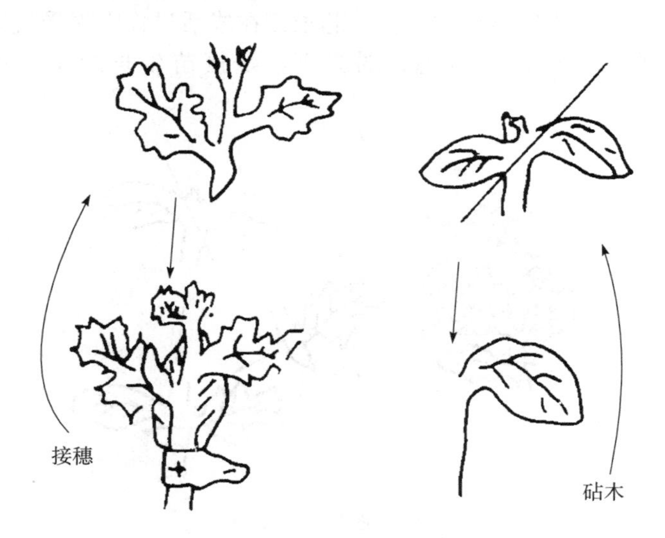

图3　贴接法示意

靠接操作简单，嫁接速度快，切面接触面较大，切口愈合快，嫁接成活率高，因此广泛应用于西瓜生产中。

（5）断根接法　将砧木于胚轴的适当位置切断，用顶插接或劈接法进行嫁接，再把嫁接苗栽植到营养钵中。断根嫁接法是利用砧木容易发生不定根的特点使其再生新根，其目的：一是防止幼苗根系老化衰退，促进根系生长；二是使胚轴梢稍脱水，操作时胚轴不易劈裂，保证嫁接质量。不同砧木发生不定根能力有差异，南瓜砧胚轴断开后，容易发生不定根，断根后不影响成活和成苗后的生长，而葫芦砧胚轴发生不定根较缓慢，要加强管理才能提高成活率。

（6）芯长接法　利用西瓜发育枝的切段或生长点嫁接在子叶期的砧木上，即以粗的接穗嫁接在细的砧木上（图 4）。方法是粗的枝条切段采用靠接法，细的嫩枝则用顶插接法。芯长接能提高繁殖系数，缩短育苗期，子叶嫁接一般 40～45 天成苗，而利用发育枝作接穗可以缩短 10～15 天成苗，可防止根系衰老，促进定植后的生长。芯长接在成活过程中不受气候条件的影响，即使在低温、弱光下，嫁接苗生长稳定，管理方便。

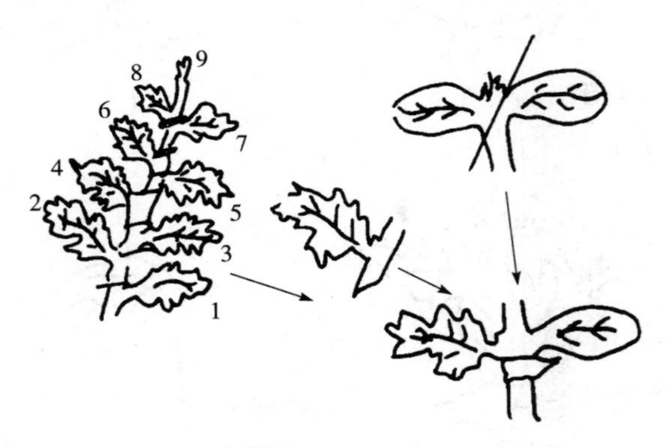

图 4　芯长接法示意

1～7. 切取接穗 1～7 为一节　8～9. 8～9 为二节

采用芯长接的砧木应选择下胚轴较粗的南瓜或葫芦，砧木的苗龄 15～20 天为宜，培育下胚轴粗壮的砧木苗是嫁接成败的关键。接穗西瓜应提前 1～2 个月播种，或利用早熟栽培西瓜的侧枝，选取叶柄充实且基部具有白毛、叶腋具有侧芽的枝条。老化枝无腋芽不宜采用，通常在午后或傍晚切取接穗，傍晚或晚间进行嫁接。因午后切取接穗同化养分多、充实，操作时不易失水而影响成活。如当天不能嫁接，接穗贮于保湿箱中。

5. 嫁接苗管理　砧木和接穗的大小、嫁接方法和嫁接技术的熟练掌握，以及嫁接后苗床的管理是西瓜嫁接苗成活的关键，特别是嫁接后 1 周内苗床的管理更为重要，要创造适宜的环境条件，加速嫁接苗伤口的愈合及幼苗的生长。

（1）温度　为了加速嫁接苗接口愈合组织的形成，苗床要保持较高的温度，嫁接后 1～3 天，白天要保持 26～28℃，夜间 20～25℃。为防止晴天苗床内温度超过 30℃以上高温，夜间出现 15℃以下的低温，白天要用草帘、苇帘等物遮盖降温，夜间密闭并覆盖草帘保温，必要时要用电热线加温。嫁接后 4～5 天可以通风换气，进行降温，随着日数的增加，砧、穗接口愈合，可转入一般的苗床温度管理。

嫁接 1 周后，白天气温控制在 23～25℃，夜间 18～20℃，地温保持在 24℃左右，此后逐渐降低地温和气温。定植前 1 周温度降至 15～18℃，白天通风降温，夜间要覆盖保温。

（2）湿度　把接穗水分蒸腾量控制到最低程度，是提高嫁接苗成活率的决定因素，嫁接苗愈伤组织形成前，要保证苗床较高的湿度，嫁接前 1～2 天将苗床浇透底水，嫁接苗入床后，严密覆盖塑料薄膜，使棚内湿度达到饱和状态，棚膜上出现水珠，2～3 天内不放风。嫁接后 3～4 天，嫁接苗进入融合期，要防止接穗萎蔫，还要逐渐接受外界条件，在清早或傍晚空气湿度较高时换气，以后逐渐加大通风量和通风时间，但仍要保持苗床较高湿度。嫁接 7～10 天后，按正常苗床湿度管理。

（3）光照　嫁接后要避免阳光直射苗床，以免接穗失水凋萎，嫁接当天和第二天必需密闭苗床，同时加盖遮盖物遮光，嫁接后第三天，早晚除去遮盖物，以散射弱光每次照射 30～40 分钟，以后逐渐延长光照时间，嫁接 1 周后只在中午遮光，10 天后恢复一般苗床管理。

（4）摘除砧木萌芽　嫁接苗砧木切除生长点后，根系吸收养分会促进不定芽发生和子叶节不定芽萌发，会直接影响接穗生长，所以要及时除去砧木萌芽，用镊子夹住侧芽轻轻拉断即可，不要伤及砧木子叶和接穗，定植前一般摘芽 3～4 次。

（5）去夹　嫁接苗通过缓苗长出新叶后，表明嫁接已经成活，大约嫁接 10 天后应及时去掉固定物，以免影响嫁接苗的生长发育。

（6）断根　靠插接嫁接苗成活后还要进行断根，切断接穗根部。当嫁接后 20 天左右时，接穗胚轴上部开始肥大，与下部有明显差别，即为切断接穗根的适宜时期。断根有利于接穗正常生长。

（7）苗期病害的防治　嫁接苗处于高温、高湿和遮光条件下，病菌易从接口侵染，除苗床土消毒外，嫁接后应定期喷药防病，用药剂多菌灵或百菌清在苗期喷 1～2 次，即可控制发病。

（8）嫁接苗定植前的驯化锻炼　定植前 1 周清除生长不良的嫁接苗，增加苗间距离，去掉伸出营养钵底的根系，有利于扩大植株地上部的营养面积，防止互相拥挤造成徒长。定植前 7～10 天对嫁接苗进行低温锻炼，去掉覆盖在苗床上的薄膜进行大放风，白天温度控制在 22～24℃，夜间温度降到 13～15℃，使嫁接苗逐渐适应外界环境条件。当嫁接后 25～30 天、嫁接苗具有 3～4 片真叶时，即可进行田间定植了。

第六章 春大棚小型西瓜抢早栽培技术

小西瓜，顾名思义是普通食用西瓜中果形较小的一类，发育正常的果实单瓜重 1.0～2.0 千克之间，故又称袖珍西瓜、迷你西瓜，是西瓜大家族中的新秀。其特点和优势是果形美观，小巧玲珑，肉质细嫩，汁多味甜，品质上乘，又便于携带，是夏季高档礼品瓜，深受广大消费者的青睐。近年来，随着社会经济的不断发展，人们生活水平迅速提高，家庭的小型化，饮食观念的不断更新和旅游业的兴起，小西瓜已逐渐被人们接受，全国栽培面积逐年扩大，市场销售潜力巨大。其价格较普通西瓜高 1～2 倍，有时甚至高达 3 倍，经济效益相当可观，现已成为高效农业项目之一，发展甚为迅速。

小西瓜的生长发育特性与普通西瓜有所不同，在发展过程中也出现过一些问题。因此，掌握小西瓜的特性，采取相应措施，才能提高其产量，促进其正常发展。

一、小西瓜的生育特性

（一）幼苗小，前期长势较差

小西瓜种子小，千粒重 30.8～37.5 克，种子贮藏养分较少，出土力弱，下胚轴细，长势较弱，尤其在早播时幼苗处于低温、寡照的环境条件下，更易影响幼苗生长，其长势明显较普通西瓜早熟品种弱。这就会影响雌、雄花的花芽分化进程，具体表现为雌花子房很小，初期雄花发育不完全、畸形，雄蕊异常，花粉量少，甚至没有花粉，从而难于正常进行和完成授粉、受精与果实发育过程。

幼苗定植后若处于不利气候条件下时，则幼苗期与伸蔓期的植株生长仍表现细弱。一旦气候好转，植株生长就恢复正常，小西瓜的分枝性强，雌花出现较早、雌花密度高，易坐果，多蔓多果；如不能及时坐果，则易表现徒长，延误生育。

（二）果形小，果实发育周期短

小西瓜的果形小，一般单瓜重 1.0～2.0 千克，果实发育周期较短，在适温条件下（25～30℃）雌花开放至果实成熟只需 20 多天，较普通西瓜早熟品种提早 7～10 天。小西瓜在早播早熟栽培条件下所需天数远较表 4 所列数字为长，头茬瓜（5 月中旬采收）需 40 天左右，气温稍高的二茬瓜（6 月中旬采收）需 30 天左右，其后的气温更高，只需 22～23 天。小西瓜果皮薄，在肥水较多、植株生长过旺，或水分和养分不匀时，容易发生裂果。

表 4　小西瓜与普通西瓜果实生育天数和所需积温比较

品种类型	果形	温暖期（天）	凉期（天）	所需积温（℃）
普通西瓜	圆果	30～33	40～45	1 000
	长果	35～38	45～50	1 000
小型西瓜	圆果	20～22	28～30	600
	长果	25～27	30～35	750

（三）对肥料反应敏感

小西瓜营养生长与施肥的多少有密切关系，对氮肥的反应尤为敏感，氮肥量过多更易引起植株营养生长过旺而影响坐果。因此，基肥的施肥量应较普通西瓜减少 30%，而小西瓜的嫁接苗，可减少 50%左右。由于果形小，养分输入的容量小，故多采用多蔓多果栽培。

（四）结果的周期性不明显

小西瓜因自身生长特性和不良栽培条件的双重影响，前期生长差，如过早自然坐果，因受同化面积的限制，果个很小，而且易发生坠秧，严重影响植株的营养生长。随着生育期的推进和气温条件的改善，植株长势得到恢复，如不能及时坐果，较易引起徒长。故生长前期一方面要防止营养生长弱，同时又应适时坐果，防止徒长。植株正常坐果后，因果小，果实发育周期短，对植株自身营养生长影响不大，故持续结果能力强，可以多茬结果，同样果实的生长对植株的营养生长影响也不大。这种自我调节能力，对多蔓多果、多茬次栽培、克服裂果都十分有利，故小西瓜的结果周期性不像普通西瓜那样显著。

二、春大棚小型西瓜抢早栽培要点

一、种子消毒

当前西瓜种子带病现象较为严重，其中果腐病的危害最大，苗期便会大面积发生，造成幼苗大片枯死。种子消毒处理能有效解决这一问题，具体方法是：先将种子放入浓度为 200 毫克/升的新植霉素或硫酸霉素药液中浸种 2 小时，洗去药液，再将种子放入 30℃清水中浸泡 3～4 小时后取出，用毛巾吸去其表面的水分并用湿毛巾包裹好放入 30℃恒温箱中催芽，约 32 小时芽即可出齐。

（二）壮苗培育

1. 嫁接育苗　葫芦砧木与西瓜亲和性好，嫁接后的西瓜长势稳健，西瓜的品质改变较小，建议使用葫芦砧木。常用的嫁接方式有顶插接、劈接、贴接及靠接，生产者可根据自身技术情况灵活选择，但一般来说，贴接操作简便、生产者易于掌握，顶插接、劈接工作效率高，但要求一定的熟练程度，靠接一般成活率高，但涉及二次断根，工作量较大。

2. 配制营养土 砧木及接穗所用营养土可由3份腐熟陈粪与7份晒过的菜园土混合拌匀而成。播砧木时用10厘米×10厘米规格的营养钵，装土与钵口齐平，装土做到上松下实，利于壮根、出苗。装钵后，将钵码到一起形成育苗地块，地块东西向延长，宽度（南北向）不要超过1.5米，苗多时可作多个相同地块育苗，接穗用自制木盘（长×宽×高＝70厘米×40厘米×8厘米）或穴盘播种，装土与盘面相平。

3. 适期播种 大棚西瓜一般在1月底至2月上旬播种，日历苗龄40天或生理苗龄3叶1心即可定植。

4. 苗期管理 温度采用“三高三低方法管理”；及时去砧木上萌生不定芽；适时倒苗，为保持瓜苗整齐性需南北向互相调换位置，中部瓜苗的营养钵提起即可，不改变排放位置。最后一次倒苗时将大小苗分开放置。一般嫁接后10天、定植前7天分别倒一次苗。移栽前1周左右逐步降温炼苗，将温度控制在白天20℃左右，夜间10～12℃，以利缓苗。

（三）双幕覆盖提温

“双幕覆盖提温技术”是指在温室或大棚外覆棚膜内铺地膜的基础上，再在设施内加盖双层天幕，以达到提温、抢早定植的目的。试验结果表明，“双幕覆盖技术”能够有效提升棚温，基本解决了早春西瓜早定植易受冻和定植后植株生长缓慢的问题，为西瓜的提早上市和多茬结果奠定了基础。

1. “双幕”的架设 ①覆盖薄膜宜采用2米宽、0.014毫米厚的聚乙烯无滴膜，这种薄膜保温、透光性好，且宽度适宜。②幕的骨架由铁丝搭建而成。每层幕单独搭建，于两侧棚门对应立柱的相同位置平行对拉5～7根铁丝，再用细铁丝将其固定在棚顶上（铁丝间宽度约 1.8 米），形成拱架结构（与大棚拱架基本平行），作为骨架主体。外幕拱架要距棚顶 30 厘米以上，内幕拱顶高度以成人伸手够到为宜。内外幕骨架要保持平行，两者上下间距约 20 厘米。③两幕的膜间距离宜控制在 15 厘米以上，这样既利于保温，又能防止由于两膜间距离过近，造成薄膜粘连，影响保温效果。幕四周近地处薄膜用土盖严。④每块薄膜间用夹子连接，夹子要采用夹嘴约 1 厘米宽的塑料夹。

2. 提早覆盖　大棚棚膜要提前 15～30 天覆盖，双幕覆盖宜同时完成，以利于提升地温。

3. 缓苗期密封管理　定植后的前 10 天，将整个设施封严，温度不超过 40℃不放风，并补施二氧化碳。

4. 放风管理　通风遵循“先内后外”的原则，前期外界温度较低时，仅撤去内幕薄膜间的夹子漏隙放风。后期外界温度升高时，撤双幕夹子同时放风。

5. 适时撤幕　在外界最低温度稳定在 5℃以上时，撤去内幕；待外界最低温度稳定在 15℃以上时，撤去外幕。

（四）整地施肥

清洁田园。整地施肥前，将上茬作物残株彻底清除出大棚，集中进行高温堆肥或深埋等无害化处理，防止病原传播，影响下茬西瓜生长。

精施底肥。定植前 1 个月施肥入沟。亩施充分腐熟的有机肥 8 米^3，菌肥 20～50 千克，复合肥 50 千克，可加香油渣 175 千克。定植前 15～20 天扣好大棚，大棚东西两边的风口下围覆双层棚膜，以利保温。定植前 10 天浇足底墒水，定植前 7 天左右作畦。

起垄做畦。建议具有滴灌条件的大棚采用小高畦（15～20 厘米），采用大水漫灌的大棚可采用沟畦（15 厘米）种植。

（五）合理密植

小西瓜采用吊蔓栽培、2～3 蔓整枝，每亩种植 1 200～1 600株；吊蔓栽培、1～2 条蔓整枝，亩密度 2 000～2 200 株；地爬栽培亩密度约 800 株。定植栽苗遵循“冷尾暖头”，选晴天上午定植，把苗从营养钵取出，移入当天打好的定植穴中，穴内事先放好西瓜专用缓释农药“一株一片”。使营养土与土面相平，四周用土封严。定植后，营养土上方不立即封土，待浇完齐苗水后，用干土将土表处封好。

（六）定植后管理

1. 二氧化碳（CO_2）施肥　早春设施栽培由于设施覆盖较多，且通风量较少，CO_2 的缺失严重，CO_2 气肥增施可以有效补充棚内 CO_2，为后期的增产增收提供帮助。采用颗粒 CO_2 气肥，如使用吊袋式气肥的效果较佳，该方法操作简单，无毒、无公害。白天在阳光照射下，可自动产生二氧化碳气体，晚间或阴天无光照时就不释放或少释放，完全符合植物的正常生长需要。大棚西瓜定植缓苗后即可使用，每亩均匀吊挂 20 袋（约 2 千克），有效期约 30 天，一个生长季共施用 1 次即可。

2. 温度管理　缓苗期（7 天左右）：定植后为促缓苗应保持较高温度，白天温度宜在 28～35℃，晚上 10℃以上，中午温度超过 35℃时要把内层幕拉开缝放风。缓苗后前期为促植株发根，棚内应保持较高温度，白天尽量保持在 28℃以上，晚上保持在 10℃以上。植株生长中后期温度较高，待温度超过 35℃时须进行通风处理，待棚内温度回降到 28℃时，关闭风口。通风顺序为从内向外揭膜，前期外界温度低，可仅揭开内层幕降温，后期温度高时可揭开双幕及大棚膜降温，并逐渐增加通风时间后期温度适宜时可撤去双幕，在夏季最低温超过

18℃时可不关闭风口。

3. 水肥管理　提苗肥、伸蔓肥要轻施，要根据植株长势进行，若植株长势强可不施，若植株长势较弱可少施。具体做法是：在移栽前，用300倍健质素溶液蘸根或者600倍溶液喷淋育苗器至根系湿润；移栽后，每亩用健质素40克，600～1 000倍溶液叶面喷施1～2次，或300～600倍液淋施小苗根部，每次间隔14～21天；伸蔓肥，每亩追施硫酸钾型三元素复合肥10千克；在开花前，每亩用健质素和健质硼各40克，对水30千克，混合喷施1次，能促进开花，保花保果，提高坐果率；在坐果后，用健质素和健质钾、健质钙各40克，对水30千克混合喷施1次，随水施入冲施肥20千克，授粉20天左右再同样水肥处理1次。第二茬瓜在坐果期和果实膨大期，分别再追施等量水肥1次。每茬瓜在采收前一周要停止水肥供应。

4. 植株调整　在植株长出7、8片真叶时，去掉生长点，憋出2条侧蔓，待果实鸡蛋大小时，给蔓焖尖，并去除此时蔓上所有枝条，待第一茬瓜将成熟时，给侧蔓上部抽生的新蔓雌花授粉，以留二茬瓜，二茬瓜坐住后不再对植株进行整枝处理。

5. 保花保果　坐果节位以留侧蔓第二雌花为宜，一株留两瓜。为提高坐果率，可在雌花刚刚显露，仅小指甲盖大小时对雌花所在节位处进行掐蔓处理，这一方法可抑制植株生长点优势，使掐蔓后几天内植株营养主要输送给果实。但此时蔓条及瓜纽较嫩，掐蔓时力道要轻，不要碰伤瓜纽。在连续阴雨天植株又无花粉的情况下，可使用“顶好”坐瓜灵辅助坐果。具体方法是：雌花开放前一天下午对子房喷施，浓度以原液的100倍液为宜，喷施要均匀，在温度高于31℃时禁止使用。无论采用以上何种方法，都须在雌花开放当天上午进行人工授粉。

6. 小西瓜连茬坐果 小西瓜连茬坐果技术就是通过修剪整枝，利用西瓜植株具有连续结果和再生能力的特性，促使春季栽培结束采收已进入衰老期的西瓜植株重新开花、结果的高产技术。施用该技术，总产量可提高30%～50%。

7. 前期准备 头茬瓜在施肥、浇水、除草、打药、整枝以及采收等管理过程中，要小心细致地保护好根系，使根系不受损伤，并且在生长中、后期及时中耕松土1～2次，促进根系萌发新根，保证第二茬瓜能正常健壮生长。头茬瓜多数采收后，要随水施一次速效氮肥，每亩施用尿素15～20千克，促进腋芽萌发和侧枝旺盛生长，为第二茬瓜生产打好基础。

8. 整枝方法 ①头茬瓜结果后期，选留2～3条生长健壮、长势相近的侧蔓，其余侧蔓全部摘除。预留侧蔓留下3～4片叶打顶，再发新枝后，仍然留下3～4片叶摘心，控制侧蔓长度，直到头茬瓜即将成熟时，放开侧蔓，不再控制其生长。待头茬瓜采收后，及时剪除选留侧蔓节位以上的老蔓，摘除此节位以下的老叶、病叶，仅保留8～10片功能叶。同时拔除田间杂草、死秧，清扫落叶，清洁园田。②头茬瓜结果后期，在活头蔓条上开始留瓜；头茬瓜采收后，适当去除部分植株，以通风透光为宜。

9. 肥水管理 整枝后随即每亩随水浇施15千克的尿素和15千克的硝酸钾，促进新蔓的生长或腋芽萌发。为促进枝蔓生长和坐果，用0.2%磷酸二氢钾喷施叶面，每7天喷施1次，连喷2次。

10. 授粉坐瓜 第二茬瓜植株的地上部光合作用和地下部根系吸收功能相对减弱，故栽培上一般只选留1个瓜，以保证有充足的养分供应。授粉在早晨6～8时将雄花摘下与雌花柱头对涂，1朵雄花可对涂2～3朵雌花，可提高坐瓜率。

11. 遮阳降温 第二茬瓜的栽培已进入夏季，气温较高，不利于西瓜生长。要及时拆卸棚室的裙膜和天窗，换上防虫网，以利于通风。阳光照射过强，棚室内气温超过35℃时，要在棚室上方覆盖遮阳网或涂抹泥浆降低棚室内温度。

12. 适时采收　第二茬瓜最早的可在6月中旬成熟，最晚的在7月下旬成熟。第二茬瓜皮薄、易裂，一般在八九成熟时即可采收。

（七）其他辅助增温技术

1. 防寒沟　在大棚东西两侧底脚处挖深50厘米、宽10厘米防寒沟，以减少土壤的横向传热，以利棚内土温。

2. 裙膜、入口围挡　在大棚的下棚膜上覆一层旧棚膜作裙膜，以利提温；在大棚入口处悬挂棉帘或在棚内设二层门帘以减缓外界低温侵入。

3. 临时加温　遇极端气候条件时，为确保西瓜安全生产，可采取临时加温措施，如临时火炉、热转换灯泡（浴霸）、燃油热风炉临时加温等。

第七章
秋大棚小型西瓜抢早栽培技术

秋季及初冬生长季节较长，前期仍处于高温阶段，后期温度低，须覆膜增温。秋季栽培7月上中旬播种育苗，7月下旬至8月初定植，9月下旬至国庆节期间采收上市。秋季小西瓜生长周期短，品质好，上市期正值全国西瓜市场的淡季，加之节日期间对礼品瓜需求的刺激，而此时白天气温依然较高，市场对西瓜的需求量仍然很大，故其价格较高，一般每亩产量达2 000～3 000千克，经济效益十分可观。

秋季栽培的生长季节（7～10月）内，前期气温高，昼夜温差小，日照强烈，时有暴雨出现，北方正值雨季，对西瓜生长极为不利，病毒病、螨类、蚜虫等病虫害危害严重，栽培上有一定难度，仍应采用大中棚覆盖防雨（拆除裙膜），覆盖遮阳网，以遮光、通风、降温、地面可覆草降低土温，增加土壤温湿度，并及时采用药剂防治病虫害。

一、品种选择

秋季小西瓜应选择早熟、抗病、品质佳、适宜密植、耐湿、耐高温、生长旺盛、高温条件下坐果好的品种。如超越梦想、红小帅、黄小帅、特大早春红玉等品种。这些品种单瓜重2千克左右，外观美，品质优，中心折光糖含量达13%左右，颇受消费者的欢迎。

二、培育壮苗，适时定植

为了方便管理，提高成苗率，宜采取育苗移栽。育苗可参照本书前介绍的小西瓜早熟栽培育苗技术，但应根据秋季的气候特点培育壮苗。

（一）苗床准备与播种

选择地势高燥、通风排水良好、日照充足、移栽方便、前茬为大棚的田块作苗床。前茬作物收获后清理田园，苗床应设在大棚内或小拱棚防雨育苗，顶棚要完好，拆除裙膜，以免暴雨直接淋刷和田间积水，防止土壤湿度过大，以减少病害的发生，有条件的可在大棚四周围上防虫隔离网纱，减少虫害发生。

育苗前平整土地，拍实床土，铺上薄膜。苗床与棚侧间距应大于60厘米，防雨淋。苗床地必须进行灭鼠、灭虫、灭菌处理，灭鼠用鼠药，灭虫用60%杀百威1 500倍液，灭菌用50%多菌灵200倍液。播种当天浇足底水，再喷70%甲基硫菌灵布津可湿性粉剂1 000倍液，补充营养土微量元素。播种方法：把种芽平放在钵中央，每钵1粒，种子上盖1厘米松土，一般用苗菌敌3 500倍的药土覆盖。用薄膜覆盖钵面保湿，薄膜上再加3厘米的稻草或双层遮阳网遮光降温，有利于提高出苗率。

（二）播种时间

秋季栽培一般选择在中秋节或国庆节前5～7天成熟上市。一般根据预计上市时间前推80天进行播种。但播种时间不应早于7月1日、定植时间不应早于7月20日。过早定植，温度过高，易产生病毒病和生理性黄叶现象，影响产量。

（三）苗床管理

播种后在苗床四周再用灭鼠药普杀1次。秋季栽培苗期温度高，应防止幼苗下胚轴伸长过快，否则容易形成“高脚苗”，故应注意控制苗床水分，早见光，待40%～50%种子露出土层，及时揭膜，通风降湿，去除稻草等。小西瓜种子小，出苗弱，常有种子“戴帽”出土，需人工及时去除。水分一般掌握“二控一促”，即真叶吐露前以控水为主，防猝倒病；若苗床过干，可在晴天中午浇小水，缺肥时叶面喷施500倍液健植宝，既可补肥，又有防病效果。真叶吐露后以促为主，晴天早、晚看苗浇水；移栽前3天以控苗为主，不出现缺水症状原则上不浇水。

嫁接苗培育由于受高温等气候条件影响，成活率较低。小西瓜出苗后茎秆较细，嫁接方法采用插接法，砧木应提前5天播种。嫁接应尽可能选择晴天进行。当接穗多数种子出土时晒苗，子叶发绿，砧木苗长出第一片真叶时，即可嫁接。嫁接时，先抹去砧木的生长点，用一粗细同西瓜下胚轴的竹签，从一片子叶向另一片子叶下方斜插1厘米，注意不插破砧木的下胚轴，立即在接穗子叶下1厘米处用刀片削去两侧的表皮呈1厘米长的楔形，将其插入签孔即可。

嫁接苗管理：嫁接后3天应盖草帘遮阳，防苗萎蔫，促进接口愈合；育苗中期酌情揭盖草帘，温度控制在24～30℃；定植前7天左右，可逐渐揭膜炼苗，促苗健壮。当气温高达35℃时，苗床覆盖双层草帘，遮光降温，膜内温度应降至25～30℃，床温不能超过30℃，3天后逐步见光，早晚通风，1周后即可愈合，而后按常规管理。苗床使用苗菌敌毒土可有效防治立枯病、猝倒病。夏秋嫁接苗12～15天，具1～2片真叶时成苗。

（四）定植

秋季栽培的气温高，幼苗生长快，苗龄较短，一般苗龄

10～15天，以具有2片真叶时为宜。苗龄短有利于成活。定植前先将大棚封闭，喷洒乐果、百菌清、多菌灵等药剂，消灭病虫。然后从大棚两边将膜掀起50厘米高，围好防虫网。定植时脱掉营养钵，将根系完整的瓜苗平放在经过杀虫灭菌处理的定植穴内，尽量做到不伤根，营养土与畦面相平并紧密结合，周围空隙用湿润松土填实，防止根系失水，瓜苗周边的地膜用湿润细土盖严，以免高温烧苗。定植选择晴天上午10时前或下午3时后，阴天可全天栽培，小心操作，避免散坨。移栽后用50%多菌灵可湿性粉剂500倍液和0.2%磷酸二氢钾混合液浇定植水。

三、整地施肥

大棚前茬作物收获后及时灭茬、翻耕和施基肥。小西瓜秋季栽培季节温度高，生长快，施肥量较早熟栽培可减少30%～40%，每亩施腐熟厩肥或腐熟猪、禽粪1 000～1 500千克，三元复合肥50千克，饼肥75千克，过磷酸钙50千克，硫酸钾25千克。有机肥在畦中间开沟深施，其他基肥整地前均匀撒施畦面，然后翻入土中。

四、田间管理

（一）温度管理

小西瓜生长适温，白天为25～32℃，夜间为18～25℃。定植后如遇晴热天气，可在大棚上加盖遮阳网1～2天，促进缓苗。

生长前期，当气温超过32℃时，大棚膜上应加覆遮阳网，以防止温度过高造成瓜苗失水萎蔫及诱发病毒病。遮光应根据气候条件灵活掌握，盛夏晴天上午10时至下午3

时覆遮阳网以防烈日，其余时间争取多见光。阴天、多云天气需争取光照，避免植株生长过弱，缓苗后减少遮光时间。

生长中后期（9月中下旬）夜间温度开始降低，夜温降至15℃以下需盖裙膜，闭棚保温，但白天气温尚高，应开启裙膜通风，再往后封闭四周裙膜，从大棚西头通风。注意棚内温度的调节，切忌闷棚，防止烧苗。随着气温下降，早晨通风时间推迟，傍晚闭棚时间提前，使夜温不低于15℃以上，保持较高棚温，可促进果实膨大和成熟。

（二）肥水管理

坐果以前应控制肥水，防止徒长，提苗肥于栽后1周用0.2%磷酸二氢钾+0.2%尿素+多菌灵500倍液混合液浇定植穴。伸蔓期每亩浇施少量三元复合肥约10千克。幼苗坐齐后可施三元复合肥或磷酸二铵，每株25克左右，距根茎基部约20厘米处开穴施入，盖土抹平、浇水，以促进果实膨大。膨瓜期叶面喷施1次500倍液的富果型正大植物营养宝，每亩浇施三元复合肥30千克、硫酸钾15千克或在株间每亩深施20千克钾肥+20千克尿素。西瓜采摘前10天停止浇水施肥。后期一般不再施肥，为防止脱肥早衰，可用0.2%磷酸二氢钾或其他叶面肥作叶面喷施1～2次。

五、采　　收

秋季小西瓜从坐果到成熟约26天，应根据授粉日期标记、品种特性适时采收。西瓜成熟的主要特征：果面光滑，花纹清晰，果柄、果蒂收缩内陷，果柄毛脱落，坐果节位和上、下节位卷须干瘪，以此为依据，取样剖瓜，及时采收。

六、病虫害防治

定植前土壤消毒。具体方法是用50%福美双可湿性粉剂1千克/亩进行全田撒施；也可选用50%甲基硫菌灵可湿性粉剂、75%百菌清可湿性粉剂、40%拌种双等药剂500～1 000倍液灌穴或喷洒种植行土壤，或以上述药剂2～2.5千克/亩按1∶100的比例配成药土施入定植穴。

育苗时，苗床主要是“三虫二病”，立枯病、猝倒病、蚜虫、蓟马、斜纹夜蛾。播种后，用敌克松1 000倍液淋湿苗床，每平方米用药液1千克。齐苗后加强通风换气，降低苗床湿度，保持适合的温度。每隔7天喷1次70%甲基硫菌灵800倍液+雷多米尔锰锌800倍液等。

生长期常发的病害有病毒病、炭疽病、叶枯病、枯萎病。在初花期开始每隔1周用80%大生800倍液或60%防霉宝500倍液喷洒一遍，连续3～4次，交替使用，特别是大雨过后，必须喷一遍杀菌剂，以预防各种病害的发生。对枯萎病，目前最有效的预防方法是严格实行轮作和土壤消毒，发现枯萎病株时应及时拔除，轻微时用75%治萎灵1 000倍液，每株灌根250毫升，连灌2～3次；或用25%施保克乳油1 000倍液，或70%敌克松可湿性粉剂1 000～1 500倍液灌根，每株250毫升。病毒病可用20%病毒A可湿性粉剂500倍液或20%病毒A与小叶敌500倍液混合液喷施，还可用病毒灵1 000倍液间隔7天喷1次，连喷5次。

西瓜进入生长后期，天气转凉，应注意防治西瓜炭疽病、叶枯病，可用25%炭特灵600～800倍液，或80%大生800倍液，或60%炭疽灵600倍液，或75%百菌清喷雾防治。白粉病用多抗灵150倍液防治，间隔7天施用1次，可兼治其他真菌性病害，效果较好。蔓枯病用40%杜邦福星乳油8 000倍液或 75％百菌清可湿性粉剂 600 倍液防治。危害秋西瓜的主要害虫有蚜虫、瓜蓟马、斜纹叶蛾、潜叶蝇、螨类等。蚜虫可用 10％吡虫啉粉剂 3 000～5 000 倍液喷雾防治。蚜虫、斑潜蝇还可用黄色粘虫板捕杀。瓜蓟马、夜蛾类可用 1％阿维菌素 2 000倍液喷雾防治；夜蛾类还可用锐劲特 2 500 倍液防治；潜叶蝇、螨类可用 1％海正灭虫灵 2 000 倍液防治。注意采收前 15 天禁施农药。

第八章

小型无籽西瓜大棚栽培技术

小型无籽西瓜因其早熟、果小、皮薄、肉质细嫩、口感好、风味独特、食用方便卫生等特点，适合现代小家庭消费，颇受市民青睐，种植小型西瓜经济效益较高，栽培面积正逐年扩大。

一、温室嫁接育苗

华北地区播种适宜的最早播期为1月底至2月初，采用日光温室育苗，地热线辅助加温。采用靠接法相对易成活，管理容易；顶插接法，接穗无籽西瓜苗应以子叶充分长成、露出生长点为嫁接最佳时期。嫁接尽可能选晴天进行，加盖小拱棚保温保湿。嫁接后3～4天不必通风，白天气温保持在25～28℃，夜间18℃以上。定植前充分炼苗，增强幼苗的抗逆能力。

二、大棚立架栽培

定植用的大棚，土壤冬前深耕20～30厘米，灌水以加速土壤风化和杀死地下害虫。定植前10～15天，平整地块，行距按1.3米开沟。每亩施腐熟厩肥4 000～5 000千克，三元复合肥40～50千克。肥料与土壤掺和均匀后封沟做畦，畦高20厘米。幼苗定植前7～8天，盖好大棚膜，畦面全面覆盖地膜。

3月中下旬选晴天定植，双行种植，定植行加盖小拱棚覆盖保温，每亩栽苗1 100～1 200株，双蔓整枝，立架栽培。

三、管理技术要求

（一）大棚内的温湿度管理

定植后5～7天，要密闭大棚和小拱棚，白天棚温保持在30～35℃，夜间不低于15℃，以促进缓苗。若白天温度高于35℃，则应设法通风降温。若遇强冷空气，应在大棚内小拱棚上增盖草帘或纸帘。缓苗期不灌水，以防降低地温。坐果前，适当控制长势，以利于授粉坐瓜。

（二）及时整枝打杈

在真叶5～6片时留5叶摘心，一般采用双蔓整枝法，当子蔓长至40～50厘米时，选留长短、大小差不多的2条健壮子蔓，其余子蔓及以后2条子蔓上长出的孙蔓应及时摘除，直到满架时打顶。西瓜膨大后，顶部再伸出的孙蔓，应以不遮光为原则决定去留。

（三）搭架绑蔓

当植株长20～30厘米时搭架，并及时进行S形绑蔓，上下两道绑绳间隔30厘米，每蔓一根竿或尼龙吊带。绑蔓时应采用8字形扣，并将瓜蔓牢固地绑在立竿上，防止脱下，同时应注意理蔓，把叶片和瓜胎合理配置。后期绑蔓应注意不要碰落大瓜。

（四）人工授粉与促进坐果

早春大棚栽培西瓜，授粉品种雄花散粉量少，因此必须进行人工辅助授粉；同时结合坐瓜灵喷雾或涂抹，才能确保很好坐果，达到1株多果之目的。一般在子蔓第二雌花开放时开始授粉。

（五）浇水追肥

瓜苗定植后到伸蔓前浇水量不宜过大，以利提高地温，使瓜秧健壮。开花坐果期不浇水，幼瓜长到鸡蛋大时，要小水勤灌，保持地面湿润为宜，西瓜定个后，每隔 5～7 天浇 1 次水，采收前 7 天停止灌水，促进西瓜转熟和提高品质。

当果实鸡蛋大时，每亩结合灌水冲施三元复合肥 20 千克，促进膨瓜。果实发育中后期，为防止早衰，可于晴天下午 5 时左右或阴天叶面喷施 0.2%磷酸二氢钾。若采收二茬瓜，在第一批果快要收获、第二批果坐住时，每亩再追施三元复合肥 20 千克，以保持第二批果实的正常生长。

（六）选瓜吊瓜

当瓜长至鸡蛋大小时，选第 2～3 雌花留果，幼瓜应果柄粗而长、发育快、无损伤、不畸形、大小较一致，以 1 株 2 果为目标。当瓜长到碗口大、重约 0.5 千克时，应进行吊瓜。

（七）病虫害防治

大棚无籽西瓜的主要病害有猝倒病、炭疽病、疫病和枯萎病。防治可选用 70%甲基硫菌灵 500～800 倍液，50%代森锌 500 倍液，75%百菌清可湿性粉剂 600 倍液等交替使用。

（八）采收

当地销售的无籽西瓜，以九成至九成半熟采收为好，外运的则以八成熟采收为宜。采收时应轻摘轻放，避免裂果。

第三部分

提 高 篇

第九章

早春设施“双幕覆盖”抢早栽培技术

经监测，该技术较常规的“三层膜覆盖”日均气温可提高7℃以上，地温可提高4℃；定植时间提前1周以上，上市时间可提前5天，确保北京市日光温室西瓜在五一节前上市。

一、确定耐寒品种

选用耐寒性强，适宜早春温室或春大棚抢早栽培的西瓜品种，如小型西瓜超越梦想、京秀、新秀等；选用京欣砧4号、新土佐、京欣砧2号等南瓜类砧木嫁接。

二、确定适宜播期

北京地区日光温室种植12月15日前、春大棚种植1月20日前播种植株冻害级数均超过2.5级，属中重度冻害，此期生产难度大；后期冻害级数为0～2级，属无—轻微冻害。因此，早春日光温室、春大棚抢早种植安全播种期分别在12月15日及1月20日以后。

在安全播期下研究不同播期与西瓜经济效益的关系，日光温室西瓜宜在12月15～30日播种；春大棚西瓜1月20～30日播种经济效益最高，确定为较适播期。

三、双层幕覆盖提温

经实地测量，在常规3层膜（棚膜、小拱棚、地膜）的基础上加盖双层幕，棚室内日均气温可提高1.91℃，定植期可至少提前5天；覆盖2个月，可增加有效积温114.6℃，按近30年西甜瓜生育后期（5月）平均温度约20℃计算，上市期可提前约6天。

四、透明膜覆盖提地温

不同地膜覆盖对地温的提升效果不同，选择4种不同地膜进行试验，结果表明透明膜＞银灰膜＞黑膜＞裸地（CK），3种地膜较裸地均能明显提升地温，可提升0.99～1.81℃，其中透明膜提温效果最好，比其他两种膜分别高0.34℃和0.82℃，最适早春抢早栽培。

五、地爬栽培缩短生育期

有试验研究地爬及吊蔓两种栽种方式对西瓜生育期的影响，结果表明：在相同定植期及整枝条件下，地爬栽培较吊蔓栽培的授粉期、坐果期、采收期分别提前3.33天、4.17天和6天，抢早效果显著。

六、小高畦（15～20厘米）种植升地温

开展高畦不同高度地温提升效果研究，不同畦高较平畦栽培在畦面下10厘米处地温可提升0.29～1.14℃，平均可提升0.86℃；随着畦高度增加，畦面下10厘米处地温逐渐增高，

但畦高 15 厘米后地温提升缓慢，25 厘米高畦仅比 15 厘米、20 厘米畦分别增加 0.06℃和 0.03℃，从省工角度考虑 15～20 厘米高畦适宜西瓜早春低温种植。

七、小西瓜单蔓整枝缩短生育期

当前小西瓜吊蔓栽培主要有单蔓、2 侧蔓、3 侧蔓三种方式，后两种方式因为掐尖重新憋侧蔓生育期延长，第二、三雌花采收期分别比单蔓延长 3.34～5 天和 2.66～4.33 天；同一整枝方式第二雌花留瓜较第三雌花留瓜采收期可缩短 2.66～3.34 天。综合分析得出，采用单蔓整枝，第二雌花授粉留瓜，定植至采收期最短，适合早春抢早栽培。

第十章

西瓜长季节栽培技术

针对常规西瓜生产供应期短（全年90天左右）且7月中旬至9月中旬高温时期存在上市空档这一问题，开展长生育期多茬采收生产。该技术可采收4～6批，较常规1年2茬增加2～4批，供应期延长约60天，填补了7月中旬至9月中旬上市空档。

一、适宜品种

综合采收期长短、产量、抗病性、品质等主要指标筛选适宜西瓜品种，如天骄2号、京欣2号、早佳、莎蜜佳等，采收期从6月中旬至9月下旬，均可连续采收4次，亩产量均超过6 300千克，抗病性为抗或较抗，中心含糖量均超过10.5%，整体表现较好。

二、适宜播期

西瓜于2月10～25日播种，均采收达到4次；但于2月15～25日播种产量较高，达7 000千克以上。

三、适宜砧木

不同砧木处理对长季节栽培产量及采收时间有影响，嫁接后西瓜采摘期长的为瓠子、京欣砧4号、甬砧1号、京欣砧1号；嫁接后产量较高的分别为瓠子、京欣砧4号、京欣砧1号和京欣砧 4 号、京欣砧 2 号、新土佐。

四、适宜密度

西瓜密度 500～600 株/亩、采收期均可达 4 次，总产量分别超过 6 500 千克/亩，综合表现最好。

五、最佳追肥时期

西瓜采用果实鸡蛋大小＋采收完毕、果实定个＋采收完毕、鸡蛋大小＋定个＋采收完毕 3 种方式追肥采收批次最多，可达 4 次，其中果实鸡蛋大小＋采收完毕、鸡蛋大小＋定个＋采收完毕两种追肥方式总产量较高，均超过 6 500 千克/亩，为适宜追肥时期。

六、适宜地膜

宜采用银灰膜覆盖，能有效降低地温，防止蚜虫。

七、适宜遮阳网

北京夏季高温易加速植株早衰，影响西瓜正常生长，宜采用 70％的遮阳网遮光处理。

八、防治白粉病

白粉病是北京西甜瓜长季节生产危害最为严重的病害之一，严重影响长生育期的顺利进行，选用 80％成标悬浮剂 400 倍液和 10％世高 1 500 倍液处理西瓜，效果最好。

第十一章

小西瓜“两蔓一绳”高密度栽培技术

该技术就是利用植物叶片趋光的特点，将小西瓜的主蔓和1条侧蔓先后绕在同1根绳上，达到增加单位面积叶片数量和种植密度，进而增产的目的。小西瓜“两蔓一绳”高密度栽培技术要点共6项。

一、适宜密度

以常规双蔓整枝，1 200 株/亩作对照，选用当前设施栽培主流品种，通过试验确定采用该技术的适宜密度。结果表明，商品果产量随密度增加呈抛物线分布，密度小于 2 000 株/亩或超过 2 600 株/亩后商品果产量递减，2 200～2 600 株/亩时可获得稳定高产，亩产较常规对照高 18.11%～22.13%，是小型西瓜栽培最适密度。

二、耐密西瓜品种

通过植株长势、坐果率、商品果产量等综合分析，筛选出适合高密度栽培的小西瓜品种，包括超越梦想、京颖、2K、传奇、梦想2号，其单株坐果率及商品果产量较高。

三、耐密砧木

选用耐密西瓜品种超越梦想作接穗，研究高密度（2 600株/亩）条件下，不同砧木品种对植株长势及产量构成因素等的影响。用砧木京欣砧2号、京欣砧4号、甬砧3号嫁接处理的植株长势中等，单株坐果率均超过90%，商品果产量达3 124.1～3 453.2千克，在供试砧木中综合表现较好。

四、适宜施肥量

选用品种超越梦想，在2 600株/亩密度下开展肥料用量研究，以常规栽培肥料用量（1倍底肥：4米^{3}鸡粪+1倍追肥：15千克）作对照，在此基础上增施底肥或追肥量形成不同处理。试验结果得出：增施肥料可在不同程度上提高产量，增幅达0.66%～35.56%，其中1.3倍底肥+1.6倍追肥量、1.6倍底肥+1.3倍追肥量、1.6倍底肥+1.6倍追肥量、1.9倍底肥+1.3倍追肥量、1.9倍底肥+1.6倍追肥量几个处理增产显著，均超过30%，但考虑肥效，前3个施肥处理效果较好。

五、整枝、留果方式

试验研究整枝及留果方式对小西瓜“两蔓一绳”栽培坐果率及产量的影响，结果表明：与原有1蔓1果整枝方式相比，2蔓整枝坐果率及商品果产量可增加7.55%～38.46%和13.99%～26.58%，其中2蔓留1果和2侧蔓留2果两种整枝方式的增产效果最好。

六、确定 2 茬瓜适宜的整枝方法

不同整枝方式对 2 茬果坐果率及产量影响较大，去除 1/2 蔓条及 1/2 植株两个处理的商品瓜坐果率及产量最高，分别比对照高 63.56%和 18.69%，较适宜 2 茬瓜生产。

第十二章

常见问题分析

一、早春坐果率低

（一）栽培管理因素

早春坐果率低的直接原因有雌花无雄花、雄花花粉少、雌花瓜胎小等，深层次的原因：一是温度管理不当，苗期至伸蔓期（2叶1心至5叶1心）白天温度较低，导致雄花发育不良，缺少雄花和花粉活力不足，夜温过高，导致雌花发育不良，不易坐果；二是伸蔓期水分供给过大，植株营养生长旺盛，抑制生殖生长；三是授粉期遇阴雨天，雌花不开放；四是授粉期间的空气湿度过低，空气湿度为95%时，花粉的发芽率为92%，空气湿度为50%时，花粉的发芽率降低为18.3%。

（二）品种因素

绿皮绿肉类型薄皮甜瓜低温坐果性差。

措施：培养壮苗，合理蹲苗，伸蔓期控制水分，调节适宜的温度是提高坐果率的重要措施。

二、裂瓜率高

主要原因：一是品种抗裂性不足，目前北京地区主要种植的中果型西瓜品种包括京欣2号、华欣系列、北农天骄等，占种植面积的90%以上，其突出优点是早熟、高产、外观好、品质优，多年以来一直深受北京地区瓜农及消费者的喜欢，但其最大缺点是抗裂性差。二是昼夜温度管理不当，白天温度较高，夜间温度控制较低，变化过大，易裂瓜。三是留瓜节位过高，易裂瓜。四是水肥管理不当，营养不均衡，特别是中微量元素缺乏。五是使用“坐瓜灵”浓度过大，小型西瓜抢早栽培存在花粉少、授粉难的问题，一般采用“坐瓜灵”辅助授粉，浓度过高易导致裂瓜。六是膨瓜期水分管理差距过大，果实内压变化不均匀。

措施：选择耐裂品种，科学管理温湿度，注重后期追肥等。

三、空心瓜率高

原因：一是水分管理，在西瓜转色（毛瓜转黑）前是膨瓜的最佳时期，此时需要保证一定的土壤水分。二是温度，授粉期间温度过低，达不到15℃，不利于花粉管发育，影响受精，从而影响细胞分裂和组织分化，导致空心。

措施：第18～21节间坐瓜，25～30℃坐瓜，膨瓜期保持水分供给。

四、水 脱 瓜

采收期西瓜果肉呈水渍状，颜色较深，有异味。主要原因是：后期如植株叶片少或植株根系较弱，水分蒸发量少，遇高温高湿，果实温度升高导致。

措施：前期培养健壮的植株，后期遇高温高湿天气加大通风量，覆盖遮阳网。

五、葫芦形瓜

原因：因授粉不良或膨瓜期营养不良所致，或阴雨、寡照天气养分积累不够。